# 农牧交错风沙区退化农田生态保育研究

路战远　张德健　程玉臣　等　著

中国农业出版社

# 《农牧交错风沙区退化农田生态保育研究》
## 主要作者名单

路战远　张德健　程玉臣　赵沛义　叶雪松

张向前　智颖飙　杨　彬　赵双龙　康　林

任永峰　咸　丰　王玉芬　郝楠森　王建国

陈立宇　杨少楠　李焕春　张富荣　孙东显

孙鸿举　李　娟　孙峰成

# 前言
## QIANYAN

农牧交错区是我国重要的农畜产品生产基地，也是我国生态最脆弱的区域之一。由于自然、历史和人为等因素影响，特别是农田不合理的耕作方式和过度开发利用，使耕地出现不同程度的盐碱化、沙漠化、荒野化等现象，造成了土地资源的极大浪费和生态系统的严重破坏，已逐渐成为影响我国农业现代化建设的主要障碍。耕地既是自然资源、生态资源，也是经济资源，同时也是生态系统的重要组成部分。如何保护和重建农田生态系统，并在生态安全的基础上，不断提高耕地综合利用水平，做到保护与利用并重，生产与生态协调，是当前农牧交错区生态系统恢复与重建和生产发展的研究重点之一。

本书主要是针对农牧交错区干旱少雨、风蚀沙化、土壤退化、生产水平低等生产生态问题，以生态学的系统分析方法为基础，融合农学、土壤学、微生物学等相关学科的理论，采取田野调查与对比试验相结合的方法，开展了农牧交错区退化农田生态恢复与重建机理及关键技术、弃耕地生态保育机制与关键技术、生态恢复及重建关键装备与技术等方面的研究；构建了农牧交错区退化农田生态系统健康评价指标；建立了退化农田生态恢复及重建技术体系与机具系统。研究成果可为内蒙古乃至我国生态类型相近的地区退化农田生态系统修复与治理提供借鉴和参考。

本书是在内蒙古自治区科技厅、财政厅立项并实施的"农牧交错区复合生态系统恢复与重建关键技术研究与示范"（内财教〔2013〕2086号）等项目成果的基础上编写而成。在项目立项和实施过程中，相关主管部门和单位给予了大力支持和帮助，项目实施区的广大科技人员为项目完成和成果取得，付出了辛勤的劳动和汗水，内蒙古农牧业机械化技术推广站刘孝忱研究员为本书统稿和编辑做了大量工作，在此一并表示衷心的感谢。由于项目实施难度大、研究资料有限，书中错误和不足之处在所难免，恳请读者提出批评。

作　者

2017 年 10 月 20 日

# 目录
## MULU

# 第一章

## 绪　论

# 第一节　项目摘要

农牧交错区已成为内蒙古生态环境恶化最严重的区域，也是我国生态最脆弱的地区之一。我国农牧交错带总面积达 81.35 万 $km^2$，其中内蒙古农牧交错区面积 61.62 万 $km^2$，占全国的 75.61%。该地区已有 60% 以上耕地退化。研究解决该地区生态环境的恢复与重建问题，已成为内蒙古乃至全国生态建设的重点和主要任务，也是全球生态系统研究的热点问题之一。研究解决农田生态环境的恢复与重建，对建设我国北方生态屏障，保障国家生态和粮食安全，解决农牧交错区贫困农牧民脱贫致富，促进经济、社会、生态和文化协调可持续发展具有重要战略意义和现实意义。

开展"农牧交错区复合生态系统恢复与重建关键技术研究与示范"项目，重点是针对农牧交错区生态系统严重退化、恢复困难和社会经济发展缓慢的现状，以构建生态保护与农牧业生产协调发展为主要目标，开展退化农田和弃耕地生态修复理论与技术及关键装备的研究与应用，建立不同功能区生态恢复与重建综合配套技术及机具系统，并大面积示范推广，为农牧交错区抑制和治理农田退化，改善生态环境，恢复和重建农牧交错区复合生态系统提供有力的理论和技术支撑；同时，研究构建农牧交错区复合生态系统评价指标与体系，为科学评价复合生态系统健康程度提供依据和参考。该项目的实施，将有效解决农牧交错区乃至我国生态类型相近地区生态修复与治理理论研究不够、综合技术不配套、机械装备落后、区域生态健康评价指标与评价体系不健全等急需解决的突出问题，为实现区域生态保护与农牧业生产协调发展提供相应的技术支撑和科技示范样板。

# 第二节　项目需求分析

## 一、意义和作用

农牧交错带是我国北方重要的生态屏障，已被列入"全国生态环境建设规划"的重点治理区。我国农牧交错带总面积达 81.35 万 km²，涉及黑龙江、吉林、辽宁、内蒙古、河北、山西、陕西、宁夏、甘肃、青海、四川、云南、西藏等 13 个省份的 234 个县（市、旗）。内蒙古农牧交错区总面积 61.62 万 km²，占全国农牧交错带总面积的 76%，是我国北方农牧交错区的主体，涵盖 62 个旗（县、区），占内蒙古总面积的 52.1%。该区域干旱风大，土地荒漠化、沙漠化日趋严重，沙尘暴频发。农牧交错区是内蒙古自然生态环境恶化最严重的地区之一，深入研究该区域生态系统的恢复与重建问题，已成为内蒙古乃至全国生态建设的重点和主要任务。

本项目针对农牧交错区土壤风蚀沙化、农田退化等主要生态问题，进行农田生态修复关键技术与装备的研究，建立农牧交错区退化农田生态系统修复技术体系与机具系统，为农牧交错区农田生态修复与治理提供技术路径和参考，并进一步改变传统耕作方式，提高土地生产能力，促进农业可持续发展。

## 二、国内外发展现状

### (一) 国外发展现状

近几十年来，人口急剧增长、社会经济发展和资源的高强度开发等引起的人为干扰胁迫是一个全球性的问题，直接或间接导致了生态系统的退化，最明显的标志是生态系统初级和次级生产力降低、生物多样性减少或丧失、土壤养分维持能力和物质循环效率降低、外来物种入侵和非乡土固有种优势度的增加等。

近十多年来，国外在恢复生态学的理论与技术方面进行了大量的研究工作。法国的 A. Wezel 和美国的 V. Soldat 研究认为，"农业生态学（Agroecology）"一词是 1928 年由俄罗斯农学家 Benssin 首次提出并公开发表的。但实际上，美国农学家 Klages 也在这一年同时发表了一篇题为"Crop Ecology And Ecological Crop Geography in the Agronomic Curriculum"的文章，也提出了"农业生态学"的概念。因此可以说美国是世界上最早的生态恢复研究与实践的国家之一。并且早在 20 世纪 30 年代就成功恢复了一片温带高原草原。随后在 20 世纪 60—70 年代开始了北方阔叶林、混交林等生态系统的恢复试验研究，探讨采伐破坏及干扰后系统生态学过程的动态变化及其机制，取得了重要发现；90 年代开始的世界著名的佛罗里达大沼泽的生态修复研究与实验至今也仍在进行。尽管农业生态学的发展最早可以追溯到 20 世纪 20—30 年代，但是现代农业生态学却是在 20 世纪 70 年代世界生态环境意识觉醒以后才发展起来的。1979 年 Cox 和 Atkins 出版的《Agricultural ecology：An analysis of world food production systems》，1983 年 Altieri 出版的《Agroecology：The scientific basis of alternative agriculture》和 1990 年 Gliessman 主编的《Agroecology：Researching the ecological basis for sustainable agriculture》才比较系统地提出了农业生态学面对的农业问题、学科体系和应用方向。欧洲、北美国家也在 20 世纪 50—60 年代注意到了各自的环境问题，开展了一些工程与生物措施相结合的矿山、水体和水土流失等环境恢复和治理工程，并取得了一些成效。

当前在恢复生态学理论和实践方面走在前列的是欧洲和北美，在实践中走在前列还有新西兰、澳大利亚和中国。其中欧洲偏重矿区地面恢复，北美偏重水体和林地恢复，而新西兰和澳洲以草原为主。在欧洲国家中，特别是中北欧各国（如德国），对大气污染（酸雨等）胁迫下的生态系统退化研究较早，从森林营养健康和物质循环角度已开展了深入的研究，迄今已近 20 年，形成了独具特色的欧洲共同体森林退化和研究分享网络，并开展了大量的恢复实验研究；英国对工业革命以来留下的大面积采矿地以及欧石楠灌丛地的生态恢复研究最早、很深入。北欧国家对寒温带针叶林采伐迹地植被恢复开展了卓有成效的研究与试验。在澳大利亚、非洲大陆和地中海沿岸的欧洲各国，研究的重点是干旱土地退化及其人工重建。

Rapport 等将近年来西方恢复生态学研究进展总结为如下三个方面的工作：一是退化生态系统营养物质积累和动态，提出资源比率的变化最终可导致群落物种组成成分的变化，即资源比率决定生态系统的演替过程；二是外来物种对退化生态系统的适应对策；三是生态环境的非稳定性机制。国外生态恢复研究主要表现出如下特点：①研究对象的多元化。主要包括森林、草地、灌丛、水体、公路建设环境、机场、采矿地、山地灾害地段等在大气污染、重金属污染、放牧、采用等干扰体影响下的退化与自然恢复；②研究积累性好、综合性强，涉及生态功能群的方方面面如植被、土壤、气候、微生物、动物；③生态恢复研究的连续性强，特别注重受损后的自然生态学过程及其恢复机制研究；④注重理论与实验研究。

## （二）国内发展现状

我国是世界上生态系统退化最严重的国家之一，也是较早开始生态重建实践和研究的国家之一。从20世纪50年代开始，我国就开始了退化环境的长期定位观测试验和综合整治工作。50年代末华南地区退化坡地上开展的荒山绿化、植被恢复，70年代"三北"地区的防护林工程建设，80年代长江中上游地区（包括岷江上游）的防护林工程建设、水土保持工程治理等一系列的生态恢复工程。80年代末，在农牧交错区、风蚀水蚀交错区、干旱荒漠区、丘陵山地、干热河谷和湿地等退化或脆弱生态环境恢复重建方面进行了大量的工作；90年代开始的沿海防护建设研究，提出了许多切实可行的生态恢复与重建技术与模式，先后发表了大量的有关生态系统退化和人工恢复重建的论文、报告和论著，如《中国退化生态系统研究》（1995）、《生态环境综合和恢复技术研究》（1993，1995）和《热带亚热带退化生态系统植被恢复生态学研究》（1996）。中国科学院所属相关所承担的一系列有关植被恢复和重建研究项目，进行了大量的基础理论研究和试验示范性工作，在理论上取得了很大进展，在实践上也有了一些成功的小流域生态恢复案例，取得了一系列重要的进展和成果，推动了我国生态环境保护与建设。

　　综合我国近 40 年来的相关研究进展，生态恢复重建研究主要表现出如下特点：①试验示范重于基础理论研究，即注重生态恢复重建的试验与示范研究；②注重人工重建研究，特别注重恢复有效的植物群落模式试验，相对忽视自然恢复过程的研究；③大量集中于研究砍伐破坏后的森林和放牧干扰下的草地生态系统退化后的生物途径恢复，尤其是森林植被的人工重建研究；④注重恢复重建的快速性和短期性；⑤注重恢复过程中的植物多样性和小气候变化研究，相对忽视对动物、土壤生物（尤其是微生物）的研究；⑥对恢复重建的生态效益及评价研究较多，特别是人工林重建效益，还缺乏对生态恢复重建的生态功能和结构的综合评价；⑦近年开始加强恢复重建的生态学过程的研究。

　　同时，在国内外的生态恢复重建研究中下面几个问题是明显的。①虽然对生态系统退化的总体框架已有所认识，但是进一步对生态系统退化的深刻阐述和研究还是相当肤浅的。如退化生态系统的成因和干扰体及其驱动机制、退化的生态过程及其机理等，这是当前退化生态系统急待深入研究的关键和核心问题，是进行退化生态系统恢复与重建的必要条件。②退化生态系统恢复与重建模式的试验示范研究还停留在一些小的、局部的区域范围内或单一的群落或植被类型，缺乏从流域整体或系统水平的、区域尺度的综合研究与示范，也缺乏对已有的模式随着时间推移和经济发展的需求而变化的优化调控研究。③系统退化的根源是区域或地方产业与经济开展过程中的人为干扰。人类活动的过度干扰引发的生态环境退化不断吞噬与消解经济建设的成果，造成国民经济与人民生命的浪费。生态退化成为区域社会经济发展的重要阻力因素之一，环境退化所引发的自然灾害严重威胁退化区域的城镇、工矿、电站及公路等基础设施的安全，增加经济建设成本，加剧了区域贫困程度和封闭程度，导致生态环境保护与经济发展的矛盾尖锐，使生态重建的任务变得复杂而艰巨。其艰巨性不仅表现在逆转生态退化过程所必须解决的一系列生物学、生态学难题，同时还必须满足山区人民生活和地区经济发展的需要，解决与之相关联的社会学问题。因此生态重建不仅仅是一个自然的、技术的过程，还必须以人为本，在生物可行性的基础上，对区域产业结构进行调整，寻求经济上合理、政策上可操作的重建模式，在进行生态系统重建的同时改善区域人类生存条件，实现经济可持续发展的最终目标。这是一个十分艰巨，又十分迫切的任务。生态恢复重建若不考虑与地方产业与经济发展结合，最终的生态恢复重建将可能难以真正实现，尤其是在发展中国家。目前的恢复重建目标集中在生态学过程的恢复，忽视了与地方社会经济发展、区域脱贫等现实的有机整合。生态建设与区域经济结合的关键问题是，如何把产业链（产前、产中、产后、流通、市场）与生态链整合，即以生态系统结构网络（包括食物链）为中心，以生物多样性为基础，根据区域的社会经济和自然特点，进行有机整合，并相应建立可持续的地方生态产业，这将是生态恢复重建的一个重要发展方向。④生态环境恢复与重建的最终目标之一还在于保护恢复后的自我持续性状态，这就要求建立一系列的生态可持续性指标，然后对恢复前后的变化进行长期监测、对比和判断，并对恢复结果进行合理有效的评价。因此，恢复生态学研究的一个重要方面，就是要建立生态系统可持续发展的指标体系，这也是恢复生态学研究的趋势之一。目前，这方面借鉴的范例还非常缺乏。⑤在流域系统范围进行生态重建在世界上尚属少有，而在一个自然本底复杂、生态与发展矛盾突出的地区进行大规模生态重建，不仅是一个自然过程，也是经济投入与产出、资源开发与管理的社会经济过程。生态重建过程中的经济行为同样是重建与恢复成功与否的关键。对生态重建过程中的经济行为研究尚属空白，但在自然—经济—社会复合组成部分的生态系统重建中如何促进流域社会经济发展也是大规模生态重建所必须面临的问题。⑥生态恢复重建是一项复杂的系统工程，虽然在恢复重建的理论和方法上已经有过一些研究和探索，但恢复重建的理论体系和技术体系尚未形成。缺乏从理论上深入研究恢复重建的基础理论问题，如生态系统的稳定性及其变化、物种对系统退化环境的响应与适应、生态系统退化和恢复重建机理等，从而导致在恢复重建技术方法的应用上的盲目性和不确定性。在生态环境退化极为普遍而严重的今天，积极开展生态恢复重建的关键基础理论研究和大面积的生态恢复重建实践，尽快发展有中国特色的生态恢复重建理论体系和技术体系，促进我国自然、社会和经济的可持续发展是当前一项十分艰巨的任务。

农牧交错带生态系统是人类生态环境系统的重要组成部分，该区域是我国生态最脆弱的地区之一。从当前生态环境状况分析，土地退化、土壤污染、水土流失及土地荒漠化是造成农牧交错带生态系统退化的主要原因，成为诱发农牧交错带生态系统稳定性下降、阻碍农牧业可持续发展与粮食安全的主要壁垒。

农牧交错区是内蒙古自然生态环境恶化最严重的地区之一，深入研究该区域生态系统的恢复与重建问题，已成为内蒙古乃至全国生态建设的重点和主要任务。农牧交错区自然环境脆弱而敏感，气候干旱多风，土壤贫瘠，随着人口增加，在超载放牧、开垦、耕作等外力作用下，发生严重的土地退化、受损，50％以上耕地沙化，生态环境遭到严重破坏，生态足迹增加，生态承载力下降，大大降低了土地的利用价值。因此，修复农牧交错带受损生态系统，保障人类健康，实现经济社会和生态环境的协调、可持续发展，已成为各级政府及科研工作者的广泛共识。

农牧交错区作物留茬覆盖与免（少）耕播种保护性耕作综合技术在项目实施区已实施多年，但主要是针对粮食生产兼顾生态而开展的研究与技术推广工作，未能就退化农田生态系统恢复与重建而开展全面综合的技术研究与示范。已有技术成果主要集中在作物留茬覆盖与免耕播种等促进粮食生产的理论与技术上，缺乏退化农田生态系统恢复与重建综合配套技术，加之依靠植被自然恢复和作物留茬秸秆覆盖等单一保护措施，难以有效控制土壤风蚀沙化与农田退化。

农牧交错区弃耕地种类多、地形复杂、生物群落多，需要将植物群落与土壤演变有机结合，研究确定不同类型、不同年限弃耕地的植被恢复技术，并推广应用，才能实现弃耕地的改良与植被恢复。

长期以来，我国高度重视草原、森林、沙漠等生态系统的修复与重建工作，国家生态项目也主要集中在这些领域，但对于农业生态系统的保护与重建研究工作尚未得到高度重视，项目少、基础薄弱，技术创新和成果转化严重滞后，已成为我国生态建设与安全的短板。近年来，国家和自治区开始重视退化农田治理和农业生态环境的修复工作，国家的相关规划都已明确把保护和修复农业生态系统作为国家生态环境建设的重点任务，也已成为内蒙古乃至我国北方农牧交错区生态建设的重中之重。

## 三、技术发展趋势

### (一) 生态治理由注重生态效益向生态、生产效益相结合方向发展

农田、草原生态构成一定要考虑到农牧业生产活动对系统的影响和作用。不顾生产和人民生活的单纯性生态建设虽然见效很快，但不能被社会所接受，难以持续。只有兼顾生态、生产两个方面利益的治理方案，即以可持续发展为最终归宿的方案，才能真正行得通，系统的稳定性良性循环才可能实现。

### (二) 生态治理由以生态脆弱区应用为主向广大农牧区发展

生态治理技术起源于生态脆弱区，初期主要是退耕还林还草，目前已发展到植被覆盖、免耕播种、种植绿肥作物、围栏封育、牧草补播、精准施肥、松土切根等农田、草原生态治理技术，并且，在广大农牧区退化农田和受损草原上得到应用。

### (三) 生态治理由部门重视向全社会关注方向转变

以前只有与环境保护相关的部门重视生态治理，取得了一定成效，但治理效果不够理想。目前整个社会对生态治理非常关注，社会各部门间采取了一系列强有力的协同动作，提供了全方位的技术支撑，注重综合性技术的应用和实施，多渠道、多层次推进科技发展，从根本上改善了生态系统恢复的总体能力和资源的配置状况。

### (四) 研究和完善农田土壤沙化、退化的预警机制和监测系统

在尚未出现或即将出现退化时就采取相应措施进行保护和修复，有效防治土壤退化和沙化，这样，才能取得事半功倍的效果。

### (五) 建立适用于不同沙化退化类型区的修复技术体系和模式

修复退化农田要依据各地的不同特点，设计适用于不同沙化退化类型

区的修复技术体系，建立以持续农业为目标的土壤和环境综合整治决策支持系统与优化模式，宜农则农，宜林则林，宜草则草。在鼓励实行保护性耕作的同时，为了提高作物的单产和品质以满足日益增加的人口的需要，对于不易受水土流失影响的沃土并不否认传统的精耕细作，但要采取培肥等技术措施进行保护，防止退化。对中低产田和具有一定生产潜力的退化耕地采用草田轮作、种植绿肥等保护性措施进行改造，培肥地力，逐步恢复农业生产能力。对于退化甚至沙化的土壤，要采取增加地上植被覆盖率和土壤人为修复技术相结合的方式，通过降低土壤侵蚀，增加土壤有机质和调节微生态环境，建立和谐的植物、水、土、微生物群体关系。

## （六）建立区域农田退化监测评价指标体系

由于修复过程并非完全是退化过程的逆过程，而且修复的最终结果也未必能够或需要达到退化前的原始状态，而是建立一种新的生态平衡，所以建立一套完善的修复评价体系，为修复技术提供一个参照标准，是急需而十分必要的。

# 第三节 工作基础

项目依托内蒙古农牧业科学院、内蒙古大学、呼和浩特市得利新农机制造有限责任公司等单位的研究基础、平台条件、人才队伍、试验示范基地等科技资源，统筹安排，合理使用，确保项目顺利进行。

## 一、项目承担单位研究基础

### （一）内蒙古自治区农牧业科学院

内蒙古自治区农牧业科学院现设有 8 个行政处室、12 个专业研究所、2 个中心和 1 个独立核算的二级单位。全院专业技术人员 435 人。其中，拥有硕士以上学历的 215 人，占专业技术人员的 49％；副高级职称以上的 202 人，占专业技术人员 46％。院里拥有国家创新团队 1 个，自治区"草原英才"工程创新创业人才团队 21 个，高层次人才创新创业基地 1 个。拥有 31 个国家和自治区农作物、畜牧、草原等领域的研究中心、实验室、工作站、试验站和示范基地，主要研究领域为农作物、家畜、草原。优势学科是小麦、玉米、油用向日葵、马铃薯、甜菜、胡萝卜、小杂粮、旱作农业、肉牛、肉羊、绒山羊、动物营养、动物疫病防治、生态保护等。"十二五"期间，全院共承担各级各类科研项目 706 项，科研专项资金近 4.2 亿元，基本建设经费近 1.8 亿元，总计收入近 6 亿元，其中 2015 年全院共承担各级各类科研项目 317 项，取得的经费总额近 1.1 亿元，全院科技创新能力有了明显提升。

"十二五"期间，全院审（认）定农作物和牧草新品种 61 个，制定并发布地方标准、行业标准 60 项，获得国家专利 38 项，获得自治区科技进步三等奖以上奖励 20 项（其中国家科技进步二等奖 2 项、自治区科技进步一等奖 5 项），在国内外各类刊物上发表论文 729 篇。

"十一五"以来，项目申报单位在农牧交错区保护性耕作、退化农田治理、生态保育、地力提升和旱作农业等方面，先后承担国家科技部、农业部及自治区有关农业保护性耕作、生态修复、旱作农业等重点、重大项目30余项。主要研究项目和科技成果有"干旱半干旱农牧交错区保护性耕作关键技术与装备的开发和应用"获2010年国家科学技术进步二等奖，"保护性耕作技术"获2013年国家科学技术进步二等奖，"农牧交错区旱作农田丰产高效关键技术与装备"获2014年内蒙古科技进步一等奖，"北方农牧交错风沙区农艺农机一体化可持续耕作技术创新与应用"获2015年中华农业科技奖一等奖，"农牧交错区旱作农田可持续耕作技术"获2015年中华农业科技奖一等奖，"农牧交错带农业综合发展和生态恢复重建技术体系与模式研究"获2004年自治区科技进步一等奖，2007年"北方半干旱区集雨补灌节水农业综合技术体系集成"获自治区科技进步一等奖，"农牧交错区保护性耕作及杂草综合控制的技术研究与应用"获2009年内蒙古自治区科学技术进步一等奖，2010年"活化腐殖酸生物肥料研制与应用"获自治区科技进步一等奖，2002年"内蒙古自治区耕地保养与培肥模式"获自治区科技进步二等奖，《半干旱农田草原免耕丰产高效技术》获2010年全国农牧业丰收一等奖，2000年主持的"阴山北麓坡耕地改造及农业综合增产技术"获农业部科技进步三等奖，2003年"内蒙古自治区等高田技术推广"获农业部丰收计划一等奖，2003年"油菜与马铃薯带状留茬间作"获内蒙古农牧业厅科技承包奖，2008年"农牧交错带防沙型带状留茬耕作技术"获内蒙古丰收计划二等奖，"旱地农业保护性耕作及杂草防治的技术研究与推广"获2009年内蒙古丰收计划一等奖，"农牧交错带防沙型带状留茬耕作技术试验示范"获2009年内蒙古丰收计划二等奖。获授权和已公开国家发明专利13项、实用新型专利20余项，制定地方标准20余项。出版专著和主编著作11部、参编著作10余部，发表论文150余篇。所取得的成果在生产上得到应用，经济、社会和生态效益显著。

## （二）内蒙古大学

内蒙古大学创建于1957年，是一所集教学、科研、管理于一体的综合性大学。1978 年被确立为国家重点大学，1997 年被列为国家"211 工程"重点建设大学，2004 年成为内蒙古自治区人民政府和国家教育部共建学校。现有 4 个校区，占地面积 171 万 $m^2$。学校建立起了校院系三级建制、校院两级管理的管理体制，有 1 个博士学位授权一级学科点、19 个二级学科博士学位授权点、8 个硕士学位授权一级学科点、92 个二级学科硕士学位授权点（含 5 个硕士专业学位授权点）、3 个博士后流动站、59 个本科专业、12 个双学士学位专业。有 4 个国家级和 2 个自治区级基础科学研究和教学人才培养基地。有 8 个自治区重点学科，24 个科研机构。有 1 个省部共建国家重点实验室培育基地、9 个自治区重点实验室。

本项目具体实施单位生命科学学院现有教学科研人员 101 人，其中，正高职称 34 人、副高职称 26 人，博士学位 41 人，硕士学位 25 人，博士生导师 24 人、硕士生导师 34 人；中国工程院院士 1 人，国务院学位委员会学科评议组成员 1 人，农业部科技委员会委员 1 人，教育部高等学校教学指导委员会委员 2 人，长江学者特聘教授 1 人；全国"新世纪百千万人才工程"人选 1 人，教育部"新世纪优秀人才支持计划"2 人，享受国家特殊津贴专家 12 人，自治区"321 人才工程"人选 4 人，自治区高等教育"111 工程"人选 5 人，国家、自治区有突出贡献的中青年专家 4 人，校内特聘教授 1 人；14 人次荣获国家级荣誉称号，17 人次荣获自治区级荣誉称号。

内蒙古大学生命科学学院先后承担国家科技部、农业部及自治区有关生态恢复与重建、保护性耕作等重点、重大项目 30 余项，在农牧交错区先后开展了"干旱半干旱农牧交错区保护性耕作关键技术与装备的开发和应用"获 2010 年国家科学技术进步二等奖，"中国北方草地草畜平衡动态监测系统试验研究"1997 年获国家科技进步二等奖，"内蒙古苔藓植物区系研究"1998 年获教育部科技进步二等奖，"典型草原草地畜牧业优化生产模式研究"1998 年获中国科学院科技进步三等奖，"农牧交错带生态系统恢复科技发展规划"2003 年获内蒙古科技进步二等奖，"环境经济探索的机制与政策"2003 年获内蒙古社科优秀成果一等奖，"农牧交错区保护性耕作及杂草综合控制的技术研究与应用"获 2009 年内蒙古自治区科学技术进步一等奖，"半干旱农田草原免耕丰产高效技术"获 2010 年全国农牧业丰收一等奖,"旱地农业保护性耕作及杂草防治的技术研究与推广"
获 2009 年内蒙古丰收计划一等奖。这些技术成果实用性和可操作性较强,
形成了适宜农牧交错区生态恢复与重建的技术体系。项目参加单位内蒙古
大学具有与本课题相关研究的经历和良好的科研素质,并有长期从事科技
示范与推广工作的基层工作经验,具备较高的创新意识与科研能力,有能
力承担高层次科研任务。

### (三) 呼和浩特市得利新农机制造有限责任公司

呼和浩特市得利新农机制造有限责任公司成立于 1998 年(原呼和浩
特市得利新技术设备厂),是自治区专业生产农牧业机械厂家之一。2003
年 1 月获自治区民营科技企业称号。2011 年公司投资 2 000 万元在金山开
发区购置了 2hm² 土地,建了新厂房及车间、试验室等。公司建厂以来研
制了多项大型农牧业机械,取得科研成果 5 项,获国家专利 4 项。公司积
极与科研院所横向联合,取得较好效果,如与中国农业大学合作研制出
2BM‐10A 型免耕播种机,特别是 2BMS‐9A 型小麦免耕播种机获得农
业部首推目录,在 8 个部试验区推广,受到广泛好评,2005 年获批了自
治区创新基金,为自治区农机事业争了光;研制的系列马铃薯播种机、马
铃薯收获机、中耕培土机、打秧机、风力发电、太阳能发电设备等产品均
受到用户的认可,公司的知名度大大提高,成为自治区农机制造的龙头企
业。并在甘肃、陕西、河北等省批量销售。公司一贯坚持"科学技术是第
一生产力"的发展纲领,加大科技投入,吸引科技人才,重点研制科技含
量高、附加值高的产品。销售效益逐年翻番,2011 年销售额 3 000 多万
元,利税 300 多万元。目前,公司已形成一定规模的农牧业机械生产能
力,具有较高的风‐光互补集成研发水平,是研制技术含量较高的免耕播
种机和一整套大型马铃薯机械专业生产的企业。

## 二、平台基础

项目承担单位拥有内蒙古保护性农业研究中心、内蒙古保护性耕作工
程技术研究中心、国家北方山区工程技术研究中心农牧交错区生态修复基

地、国家引进国外智力成果示范推广基地、内蒙古自治区引进国外智力成果示范推广基地、中加栽培生理与生态实验室、中澳植物资源与栽培联合实验室、农业部农牧交错带生态环境重点野外科学观察试验站、国家北方山区工程技术研究中心农牧交错带生态修复基地、内蒙古自治区旱作农业重点实验室、生物技术研究中心、农业部农产品质量检测中心等科研平台，拥有一批国内领先的科研仪器设备，具备了开展农牧业高新技术研究的条件。内蒙古农牧业科学院资源环境与检测技术研究所拥有内蒙古最大的环境质量和农产品质量检测检验中心，具备对农业环境 200 多个产品 300 多个参数的检验能力，可以保障项目各项理化、生物性状的准确监测。在武川县建有 30 多年的旱作农业试验站，已成为"内蒙古旱作农业重点实验室""农业部农牧交错带生态环境重点野外科学观测试验站"，为开展本项目的研究与应用工作提供了重要研究基础和平台条件。

## 三、项目的成果基础

项目团队成员与本项目有关的研究成果如下：

### （一）科技项目

"十二五"以来，团队承担的主要项目：2010 年 8 月至 2014 年 12 月，国家公益性行业科研专项"内蒙古阴山北麓风沙区抗旱补水播种保苗综合技术研究与示范"项目；2010 年 1 月至 2012 年 12 月，内蒙古财政厅开发办"保护性耕作玉米、小麦田间杂草综合控制技术区域示范与推广"土地治理项目；2011 年 1 月至 2015 年 12 月，国家现代农业产业技术体系"国家棉花产业技术体系试验研究"项目；2011 年 1 月至 2012 年 12 月，内蒙古科技计划"旱作农业与农业节水技术研究与示范——旱作农业节水技术集成与示范"项目；2011 年 1 月至 2015 年 12 月，"十二五"国家公益性行业科研专项"内蒙古阴山北麓风沙区抗旱补水播种保苗综合技术研究与示范"项目；2012 年 1 月至 2016 年 12 月，"十二五"国家科技支撑"风沙半干旱区防蚀增效旱作农业技术集成与示范"项目；2012 年 1 月至 2012 年 12 月，"十二五"内蒙古科技计划"旱作农业与农业节水技术研究与示范"项目；2012 年 1 月至 2012 年 12 月，"十二五"内蒙古创新基金"旱农区农牧业可持续发展技术集成研究"项目；2012 年 1 月至 2015 年 12 月，国家自然科学基金"抗旱保水材料蓄水保墒生态机制研究"；2013 年 11 月至 2016 年 12 月，国家科技支撑计划"内蒙古旱区棉花新品种选育及配套技术研究与示范"项目；2013 年 1 月至 2013 年 12 月，内蒙古农牧业科技推广示范"小麦、玉米高产高效生产技术推广示范"项目；2014 年 1 月至 2016 年 12 月，国家科技支撑计划"内蒙古旱区棉花新品种选育及配套技术研究与示范"项目；2014 年 6 月至 2016 年 6 月，国家科技成果转化资金"农牧交错风沙区抗旱补水播种保苗关键技术与装备中试与示范"项目；2015 年 1 月至 2017 年 12 月，内蒙古科技计划项目"旱作农业关键技术研究与集成示范"项目；2015 年 1 月至 2016 年 12 月，国家星火计划"马铃薯抗旱节水丰产高效关键技术与装备的示范"项目；2016 年 1 月至 2018 年 12 月，内蒙古科技计划"农田轮作休耕可持续耕作关键技术研究与示范"项目；2016 年 1 月至 2017 年 12 月，内蒙古农牧业科技推广示范项目"秸秆留茬覆盖免少耕农田地力恢复与丰产技术示范推广"项目；等等。

## （二）科技奖励成果

"十一五"以来，团队获得的主要科技奖励成果：2010 年，"干旱半干旱农牧交错区保护性耕作关键技术与装备的开发和应用"，获国家科学技术进步二等奖；2013 年，"保护性耕作技术"，获国家科学技术进步二等奖；2008 年，"农牧交错区保护性耕作及杂草综合控制技术研究与应用"，获内蒙古科技进步一等奖；2014 年，"农牧交错区旱作农田丰产高效关键技术与装备"，获内蒙古科学技术进步一等奖；2015 年，"北方农牧交错风沙区农艺农机一体化可持续耕作技术创新与应用"，获中华农业科技一等奖；2015 年，"农牧交错区旱作农田可持续耕作技术"，获中华农业科技一等奖；2010 年，"半干旱农田草原丰产高效技术"，获全国农牧渔业丰收计划一等奖；2014 年，"保护性耕作综合配套技术与装备"，获内蒙古自治区丰收计划一等奖；2016 年，"农牧交错区可持续耕作技术创新与应用"，获内蒙古自治区职工优秀技术创新成果一等奖；等等。

## （三）科技鉴定成果

"十二五"以来，团队主要科技鉴定成果："北方农牧交错风沙区农艺农机一体化可持续耕作技术创新与应用"（中农（评价）字［2014］第92号）；"农牧交错风沙区抗旱补水播种保苗关键技术与装备"科学技术成果鉴定证书（内科鉴字［2013］第35号）；"农牧交错区秸秆覆盖（留茬）地免少耕节水丰产耕种技术"科学技术成果鉴定证书（内科鉴字［2013］第68号）；"保护性耕作耕作农田丰产高效杂草综合控制技术"2011年通过自治区科技厅组织的鉴定（内科鉴字［2011］第42号）；其他成果多项。

## （四）科技成果推广鉴定报告

"十二五"以来，团队主要科技成果推广鉴定报告："2BM-10型小麦/玉米/杂粮免耕播种机"推广鉴定报告（NO（2010）NTJ018）、"2BMS-9A型免耕松土播种机"推广鉴定报告（NO（2010）NTJ017）等。

## （五）农业机械推广鉴定证书

"十二五"以来，团队主要农业机械推广鉴定证书；"2BM-10型小麦/玉米/杂粮免耕播种机"推广鉴定证书、"2BMS-9A型免耕松土播种机"推广鉴定证书等。

## （六）国家专利

"十二五"以来，团队持有的主要国家专利有20余项。

**1. 授权国家发明专利**

一种保护性耕作苗前除草用复配剂的制备方法（ZL201310052990.9）、一种保护性耕作玉米田复配除草剂（ZL201310052986.2）、一种保护性耕作恶性杂草除草剂的制备方法（ZL201310053023.4）、一种保护性耕作小麦田复配除草剂（ZL201310058261.4）、高垄垄侧双行覆膜滴灌种植方法及专用播种机（ZL 2013 10364429.4）、起垄覆膜播种机（ZL 2013 10364430.7）、一种用于旱地抗旱播种的联合机组（ZL 2013 10359672.7）。

**2. 授权实用新型专利**

免 耕 半 精 量 播 种 机 （ZL201320503666.X）、种 肥 开 沟 器 （ZL201420407326.1）、马 铃 薯 施 肥 播 种 铺 膜 联 合 作 业 机 （ZL 201120296250.6）、马铃薯播种起垄作业机（ZL 201120296246.X）、覆膜播 种联合机组两工位可折叠机架及联合作业机组（ZL201320502875.2）、播种 机用双薯勺取种器（ZL201320509423.7）、马铃薯垄膜沟植播种联合机组 （ZL201320503545.5）、马铃薯播种起垄联合作业机（ZL2011002986.X）、一 种深松机用新型深松铲（ZL201420176989.7）、马铃薯收获机的分选机构 （ZL201420177197.1）、起垄覆膜播种机用起垄整形器（ZL201320509212.3）、 一种播种机用镇压机构（ZL201420407367.0）、一种地轮驱动排肥机构 （ZL201420407356.2）、双层抖动链马铃薯收获机（ZL201520068579.5）、马 铃薯起垄覆膜播种机（ZL201320509157.8）等。

## （七）著作

"十二五"以来，团队出版的主要著作：路战远著《中国北方农牧交 错带生态农业产业化发展研究 》（ISBN 978 - 7 - 109 - 22019 - 5），中国农 业出版社，2016 年 10 月；路战远、张德健、李洪文主编《保护性耕作玉 米小麦田间杂草防除》（ISBN 978 - 7 - 80595 - 090 - 7），远方出版社， 2010 年 6 月；张德健、路战远编著《保护性耕作农田杂草综合控制》（IS-BN 978 - 7 - 81115 - 886 - 1），内蒙古大学出版社，2010 年 10 月；路战 远、程国彦、张德健主编，《农牧交错区保护性耕作技术》（蒙汉对照） （ISBN 978 - 7 - 110 - 07592 - 0/S. 484），科学普及出版社，2010 年 10 月； 王玉芬、张德健、路战远编著，《保护性耕作大豆田间杂草防除》（ISBN 978 - 7 - 5665 - 0417 - 3），内蒙古大学出版社，2013 年 8 月；何进、路战 远主编，《保护性耕作技术》（ISBN 978 - 7 - 110 - 07608 - 8），科学普及 出版社，2009 年 6 月；路战远参编，《中国保护性耕作制》（ISBN 978 - 7 - 5655 - 0258 - 3），中国农业大学出版社，2010 年 12 月；路战远、张德 健参编，《农牧交错区风沙区保护性耕作研究》（ISBN 978 - 7 - 109 - 14946 - 5），中国农业出版社，2010 年 8 月。

## （八）论文

"十二五"以来，团队发表的主要论文：Zhan Yan Lu, "Based on the context of globalization Study on Regional Sustainable Development—A Case Study in Inner Mongolia", Journal of Agriculture, Biotechnology and Ecology, 2010 - 06; Zhan Yan Lu, "Effects of Mixed Salt Stress on germination percentage and Protection System of Oat Seedling", Advance Journal of Food Science and Technology, 2013 - 10; Zhan Yan Lu, "Absorption and Accumulation of Heavy Metal Pollutants in Roadside Soil-Plant Systems", Risk Assessment, 2011 - 12; De jian Zhang, Zhan Yan Lu, Xuming Ma, "A Study on Existing Questions and Policies of Weeds Control in Comservation Wheat, Maize and Soybean Fields", Collection of Extent Abstracts, 2004 - 11; 路战远等，《基于生态效率的区域资源环境绩效特征》，中国人口·资源与环境，2010 年 10 月；路战远等，《全球生态赤字背景下的内蒙古生态承载力与发展力研究》，内蒙古社会科学，2010 年 11 月；路战远、张德健等，《不同耕作措施对玉米产量和土壤理化性质的影响》，中国农学通报，2014 年 12 月；路战远、张德健等，《不同耕作条件下玉米光合特性的差异》，华北农学报，2014 年 4 月；路战远、张德健等，《农牧交错区保护性耕作玉米田杂草发生规律及防除技术》，河南农业科学，2007 年 12 月；路战远、张德健等，《保护性耕作燕麦田杂草综合控制研究》，干旱地区农业研究，2014 年 8 月；路战远、张德健等，《内蒙古保护性耕作技术发展现状和有关问题的思考》，内蒙古农业科技，2009 年 6 月；王玉芬、路战远、张向前、张德健等，《化学除草剂对保护性耕作大豆田杂草防除的影响》，大豆科学，2013 年 8 月；王玉芬、张德健、路战远等，《阴山北麓性耕作油菜田间杂草控制试验》，山西农业科学，2011 年 5 月；张德健、路战远、王玉芬等，《农牧交错区保护性耕作油菜田间杂草发生规律及防控技术研究》，河南农业科学，2009 年第 4 期；张德健、路战远，等《农牧交错区保护性耕作小麦田间杂草发生规律及控制技术》，安徽农业科学，2008 年 4 月；其他论文 20 余篇。

# 第 二 章

## 研究目标及主要
## 研究内容

# 第一节  项目目标

针对农牧交错区干旱少雨、风蚀沙化、土壤退化严重等主要生态问题，开展退化农田生态修复理论与技术及关键装备的研究，创新农牧交错区退化农田生态恢复与重建机理与关键技术、弃耕地生态保育机制与关键技术、退化农田与弃耕地生态恢复与重建关键装备与技术，构建农牧交错区退化农田生态系统健康评价指标，建立不同生态类型区生态恢复与重建综合配套技术与机具系统，并大面积示范推广，为实现区域生态保护与农牧业生产协调发展提供相应的技术支撑和科技示范样板。综合技术应用减少农田扬尘 35％～65％，减少扬沙 70％以上，作物平均增产 6％～12％，农牧民人均年纯收入增加 10％以上。

# 第二节 主要研究内容

## 一、退化农田生态恢复与重建关键技术研究

### （一）退化农田秸秆覆盖防风固土机理及关键技术研究

针对农牧交错区农田风蚀沙化的突出问题，研究作物留茬及秸秆等植被覆盖对退化农田防止土壤风蚀、水蚀的作用机理，分析秸秆覆盖退化农田土壤温度、水分、养分和微生物数量的变化趋势以及生态效应，探索植被的保护作用与植物个体、植物种群和群落结构及行的走向等关系，确定在退化农田上不同作物留茬高度、秸秆覆盖度、秸秆切碎合格率、抛撒均匀率、减少风蚀量和水土流失量的指标，形成农牧交错区退化农田植被覆盖防风固土关键技术。

### （二）退化农田免（少）耕播种抗旱抑尘关键技术研究

针对农牧交错区春季干旱多风、农田翻耕裸露、水土流失严重等生态问题，研究退化农田在作物留茬和秸秆覆盖条件下免（少）耕播种种床整备技术和播种、施肥、覆土、镇压一次性复式作业等抗旱抑尘技术，明确退化农田不同作物的免（少）耕播种种床整备、施肥、降雨入渗率、抑制扬尘等主要参数和指标，形成农牧交错区退化农田免（少）耕播种抗旱抑尘关键技术。

### （三）退化农田带状保护性耕作关键技术研究

针对马铃薯等作物土壤耕翻裸露，水土流失严重等现象，研究带状种植作物的带型—群体—产量相关关系，分析在退化农田禾本科等条播作物与马铃薯带状间作对降低风速、减轻风蚀、蓄积降水等生态效应的影响，确定以生态为重点，生产与生态相结合的农牧交错区带状保护性耕作适宜

作物种类、带宽与带型等技术指标，形成农牧交错区退化农田带状保护性耕作关键技术。

### （四）退化农田免（少）耕松土蓄墒减蒸机理与关键技术研究

针对传统耕作农田有效耕层浅，犁底层坚厚，容易产生径流，不利于土壤蓄墒和作物生长的问题，通过对退化农田土壤深（浅）松，打破犁底层和沟垄径流集水蓄墒技术，改善耕层结构和土壤微环境，增加土壤水库容量和根系的穿透深度，创造出适宜退化农田作物生长发育的"上虚下实"的土体结构。研究退化农田不同松土方式对地表径流量、土壤入渗率、土壤容重以及土壤紧实度等因子的影响，确定适宜不同土壤、不同耕作制度的松土深度和间隔时间等指标，形成退化农田免（少）耕松土蓄墒减蒸关键技术。

## 二、农牧交错区弃耕地生态保育机制研究

### （一）农牧交错区弃耕地生物群落演替及植被恢复关键技术研究

针对农牧交错区弃耕地植被盖度低、土壤沙化严重等问题，研究弃耕地被植物种类、群落组成、植被盖度、土壤微生物变化特点和土壤紧实度、土壤容重、土壤机械组成、土壤肥力性状等变化特征，厘清弃耕地的形成与植被演变规律；结合植物补播补种技术、作物牧草轮作制度以及退耕还林还草措施等，分析不同土地利用方式下土壤呼吸速率及其温度敏感性变化、土壤生物环境变化，研究植被恢复对土壤养分、土壤水分、土壤结构及土壤生物多样性的影响，筛选适宜的植被恢复品种，优化种植方式，提高植被覆盖率，提出农牧交错区弃耕地生物群落演替及植被恢复关键技术。

### （二）土壤改良剂改土培肥生态机制研究

针对农牧交错区弃耕地土壤退化，持水供水能力差，风蚀水蚀严重等问题，选用天然土壤改良剂、高分子有机合成土壤改良剂和土壤微生物制剂等多种土壤改良剂，研究不同土壤改良剂在不同年限弃耕地上的改土培

肥作用机理，重点开展土壤改良剂的施用量、施用方式及相关技术与装备的集成研究，长期定位监测不同年限、不同类型弃耕地施用土壤改良剂后土壤水热状况的时空变化、土壤结构和土壤肥力的演变态势以及土壤生物学性状的时空变异规律，明确土壤改良剂在弃耕地恢复过程中的改土培肥生态机制，为建立农牧交错区弃耕地的生态恢复技术提供理论依据。

## 三、退化农田与弃耕地生态系统恢复与重建关键装备与技术的研发

### (一) 免 (少) 耕播种机关键装备与技术的研发

针对农牧交错区退化农田地形复杂、沙石多、风蚀沙化严重，现有免 (少) 耕播种机易拥堵、小籽粒种子播深与播量控制难、稳定性适应性差等问题，开展适宜农牧交错区退化农田不同功能区的小麦、燕麦、大麦、油菜、牧草免 (少) 耕播种机等关键机具及技术研究、开发与应用。

### (二) 深 (浅) 松机械关键装备与技术的研发

针对农牧交错区退化农田土壤板结、耕层浅、犁底层坚厚、保蓄效果差、水分利用率低等问题，开展适宜农牧交错区退化农田疏松土壤、扩蓄减蒸，提高作物根层土体蓄水量的深 (浅) 松机械关键机具研究、开发与应用。

## 四、退化农田和弃耕地生态系统恢复与重建技术集成与示范

集成退化农田秸秆覆盖、免 (少) 耕播种、机械深松、土壤改良等关键技术，形成退化农田生态系统恢复与重建技术模式2～3个；建立退化农田生态系统修复核心示范区2个；编制退化农田生态修复技术规程2～3套。

集成弃耕地植被恢复和改土培肥关键技术，形成弃耕地生态恢复与重建技术模式1～2个；建立弃耕地生态系统修复核心示范区1～2个；编制

弃耕地生态修复技术规程 1～2 套。

## 五、构建农牧交错区退化农田生态系统健康评价指标

针对农牧交错区不同生态功能区复合生态系统退化现状及肇因，从系统工程的角度对农牧交错区退化农田生态背景值进行综合评估，通过植被建设覆盖度阈值、生态允许覆盖度、生态要求覆盖度和经济允许覆盖度等指标体系分析农牧交错区退化农田生态系统的结构、功能、演化及其未来变化趋势，并进行连续监控与预测，构建农牧交错区退化农田复合生态系统恢复重建的评价指标。

# 第三节　项目涉及行业技术分析及难点

## 一、技术分析

### （一）共性技术

退化农田免（少）耕播种技术、土壤改良剂及改土培肥技术。

### （二）关键技术

退化农田秸秆覆盖防风固土关键技术、退化农田免（少）耕播种抗旱抑尘关键技术、退化农田带状保护性耕作关键技术、弃耕地地力恢复及生态保育关键技术。

### （三）公益技术

退化农田生态系统恢复与重建关键装备开发与配套技术、农牧交错区退化农田生态系统恢复与重建技术集成与示范、建立农牧交错区生态系统健康评价指标及体系。

## 二、技术难点和问题

农牧交错区涉及范围广，区域跨度大，地形复杂，生态类型多，气候干旱少雨，农田风蚀沙化，生态系统受损严重，生态恢复与重建难度大，技术复杂、地带性强，可持续发展与维持难。

### （一）缺乏退化农田生态系统恢复与重建的综合配套技术

作物留茬覆盖与免（少）耕播种保护性耕作综合技术在农牧交错区已实施多年，但主要是针对粮食生产兼顾生态而开展的研究与技术推广工作，未能就退化农田生态系统恢复与重建而开展全面综合的技术研究与示范。已有技术成果主要集中在作物留茬覆盖与免耕播种等促进粮食生产的理论与技术上，缺乏退化农田生态系统恢复与重建综合配套技术，加之依靠植被自然恢复和作物留茬秸秆覆盖等单一保护措施，难以有效控制土壤风蚀沙化与农田退化，需要采取作物留茬覆盖与免（少）耕播种等综合技术措施才能得到有效治理。

本项目针对退化农田的特点，通过作物留茬覆盖、免（少）耕播种等多项技术集成配套，形成农牧交错风沙区退化农田保护性耕作综合技术模式与机具系统，可有效改善土壤结构与养分、水分状况，配合适宜的土著植物品种，能够大幅度提高植被覆盖率和有效控制农田扬尘污染。

## （二）弃耕地植物群落演替机理和生态保育机制复杂

农牧交错区弃耕地种类多、地形复杂、生物群落多，需要将植物群落与土壤演变有机结合，研究确定不同类型、不同年限弃耕地的植被恢复技术，并推广应用，才能实现弃耕地的改良与植被恢复。

本项目通过开展生物群落多样性、植被演替规律和土壤演变机制的全面系统研究，综合运用生态学、植物学、土壤学、耕作学和栽培学等原理，揭示弃耕地弃耕与演变的态势，明确不同地被植物与土壤改良剂、不同轮作制度、不同种植方式等的交互关系以及对弃耕地植被恢复与土壤地力改善的生态环境效应，形成适宜农牧交错区特定的弃耕地生态保育技术体系。

## （三）现有装备难以适应退化农田和弃耕地综合生态治理工程的实施

由于农牧交错区脆弱生态区空间异质性大，受损程度高，恢复难度大，土壤板结、耕层浅、保蓄效果差、水分利用率低等问题突出，现有免（少）耕播种机存在易拥堵，小籽粒种子播深与播量控制难、稳定性差、出苗成苗难，难以适应退化农田和弃耕地综合治理技术与工程的实施。

本项目通过秸秆留茬覆盖、免（少）耕播种、深松、免（少）耕松土补播等多种机具开发与技术优化，解决现有机械装备与技术存在的突出问题，有效促进退化农田和弃耕地保护性耕作技术实施，保障各项生态修复工程与技术的顺利实施并取得实效。

## （四）退化生态系统关键影响因子及环境因子间交互作用复杂

目前对恢复重建的生态效益及评价研究较多，特别是人工林重建效益，但是缺乏对农牧复合生态恢复重建的生态功能和结构的综合评价，主要是厘清退化生态系统关键影响因子及环境因子间交互作用难。

本项目针对农牧交错区不同生态功能区复合生态系统退化现状及肇因，从系统工程的角度对研究区生态背景值进行综合评估，明确退化生态系统关键影响因子及其相互间的交互作用。通过对生态系统的结构、功能、演化及其未来变化趋势进行预测，构建农牧交错区复合生态系统评价指标与体系，为农牧业生态环境的恢复与重建提供基础和依据。

# 第 三 章

## 试验设计与
## 研究方法

# 第一节　试验区概况

## 一、呼和浩特市武川县试验区概况

武川县位于内蒙古高原的南缘，位于 $40°47' \sim 41°43'$N、$110°30' \sim 115°53'$E。东西长约 110 km，南北宽约 60 km，海拔 1600m，土壤为栗钙土，属中温带大陆型季风气候，春季干旱多风沙，降雨集中在夏季，是北方农牧交错带典型代表区域。武川县降水少，分配不均，有效性差，多年平均降水量 350mm，无霜期 95～110d，年大于 6 级以上大风日数 39 d。现有耕地 17.3 万 $hm^2$，其中坡旱地约 15.3 万 $hm^2$、水浇地 0.6 万 $hm^2$、旱平地 1.4 万 $hm^2$，是典型的以旱作为主的农业县。全县风蚀面积达 2 600km$^2$，年土壤风蚀深度 1～2cm，风蚀总量 62.1 万 t，导致土地退化、沙化严重，生产力不断下降。

## 二、乌兰察布市四子王旗乌兰牧场试验区概况

内蒙古四子王旗乌兰牧场，位于 $41°10' \sim 43°22'$N、$110°20' \sim 113°29'$E。海拔高度 1 000～2 100m，相对高差 1 100m。地处中温带大陆性季风气候区，干旱、少雨、多风和蒸发量大是该旗的显著特点。年平均气温在 1～6℃，历年降水量为 110～350mm。平均无霜期 108d。地表土质为淡粟钙土，棕钙土，土壤含沙量大且疏松，植被拦截水土流失的能力差。

## 三、呼伦贝尔市额尔古纳市拉布大林农牧场试验区概况

内蒙古额尔古纳市拉不大林农牧场，位于 $50°01' \sim 53°26'$N、

119°07′～121°49′E，南北长约 600km，东西宽（最窄地段）约 50km。为内蒙古自治区纬度最高的市。属于寒温带大陆性气候，四季分明、气候凉爽，年平均气温在－2.0～3.0℃，年降水量为 200～280mm，日照时间为 2 500～3 000h。全市总面积 2.8 万 km²，其中林地占 67%、牧草地占 17%、耕地占 6%。现有森林约 200 万 hm²，主要分布于北部林区（三河、室韦、莫尔道嘎三个乡镇），森林覆盖率为 71.28%。主要种质为落叶松、樟树、红松、白桦等，活力木蓄量为 1.8 亿 m³，占全国蓄积量的 1.8%，占自治区蓄积量的 15.4%。农作物一年一熟，适宜种植小麦等作物，试验地地势平坦，土质肥沃。

# 第二节　试验设计

## 一、留茬高度对退化农田土壤质量及防风固土机理研究

试验设秸秆留茬高度 10cm、20cm、25cm、30cm、40cm 共 5 个处理，重复 3 次，共 15 个小区，小区面积为 90m²，随机排列。每亩施磷酸二铵 8kg，尿素 2kg 做种肥，行距 20cm 或 40cm，田间管理同大田。

## 二、秸秆覆盖度对退化农田土壤质量及防风固土机理研究

试验设置秸秆还田覆盖度 0%、30%、50%、70%、90%5 个处理，重复 3 次，共 15 个小区，小区面积为 220m²，随机排列。每亩*施磷酸二铵 8kg，尿素 2kg 做种肥，行距 20cm，田间管理同大田。

## 三、免少耕对抗旱播种抑尘减蒸机理研究

试验设免耕覆盖度 0%、免耕覆盖度 30%、免耕覆盖度 70%、小托压实、中托压实共 5 个处理，重复 3 次，共 15 个小区，随机排列。

---

* 亩为非法定计量单位，1 亩＝1/15 公顷（hm²）。——编者注

• 35 •

## 四、带状保护性耕作对退化农田土壤质量的影响

试验采用裂区设置，燕麦与马铃薯间作共设 1.2m、3.6m、6.0m、8.4m 和 10.8m 5 个处理方式，重复 3 次，共 15 个小区，顺序排列。每亩施种肥量同农户，行距 20cm、40cm、50cm，管理同大田。

## 五、松土蓄墒减蒸机理研究

试验设机械免耕播种、旋耕播种、深松播种、传统翻耕 4 个处理，重复 3 次，共 12 个小区，小区面积为 $222m^2$，随机排列。每亩施磷酸二铵 8kg，尿素 2kg 做种肥，行距 20cm，田间管理同大田。

## 六、土壤改良剂对弃耕地土壤肥力的影响和改土培肥生态机制

设计不同类型土壤改良剂，分别为膨润土、腐殖酸、羊粪、聚丙烯酰胺、生物菌肥，对照为不施改良剂处理。其中膨润土 2014 年分为 3 个用量处理，2015 年在 2014 年试验结果基础上设计 11 370 $kg/hm^2$ 用量。具体设计见表 3-1。试验小区面积为 $140m^2$（7m×20m），播前机械翻耕整地将改良剂均匀翻入土壤，采用机械播种，行距为 20cm，种肥均为尿素 4kg/亩和二铵 5kg/亩。

表 3-1　土壤改良剂试验设计表

| 序号 | 处理 | 2014 年用量（$kg/hm^2$） | 2015 年用量（$kg/hm^2$） |
|---|---|---|---|
| 1 | | 5 685 | — |
| 2 | 膨润土 | 11 370 | 11 370 |
| 3 | | 17 055 | — |
| 4 | 聚丙烯酰胺 | 1 325 | 1 325 |
| 5 | 腐殖酸 | 600 | 600 |
| 6 | 生物菌肥 | 1 300 | 1 300 |
| 7 | 羊粪 | 15 000 | 15 000 |
| 8 | CK | 0 | 0 |

# 七、构建农牧交错区退化农田生态系统健康评价指标

在翻耕、旋耕、深松、免耕、带状间作、灌草间作、休闲农田等小区试验基础上，对土壤理化性状、生物量、物种多样性等指标进行分析，对农业生态系统的活力、恢复力、组织力和生态系统服务功能进行统计分析。

# 第三节　研究方法

本研究以生态学的系统分析方法为基础，结合农学、土壤学、生理学、数学、微生物学等相关学科的研究方法及田野调查与对比试验相结合的方法，针对农牧交错区干旱少雨、风蚀沙化、土壤退化严重等主要生态问题，开展退化农田和弃耕地生态恢复重建理论及关键技术与装备研究，形成具有自主知识产权、经济高效的生态恢复与重建技术体系与机具系统，建立农牧交错区复合生态系统评价指标，并进行示范。

## 一、土壤物理性状的测定指标及方法

（1）土壤含水量。在作物播种前、收获后采用土钻取土铝盒烘干法测0～40cm（0～10cm、10～20cm、20～40cm）土层土壤含水量；在作物全生育期（苗期、拔节期、孕穗—抽穗期、开花期、灌浆期）采用土钻取土铝盒烘干法测定0～40cm（0～10cm、10～20cm、20～40cm）土层土壤含水量。

（2）土壤温度。在作物播种前、收获后以及全生育期（苗期、拔节期、孕穗—抽穗期、开花期、灌浆期）采用地温仪测定0～25cm（0～5cm，5～10cm、10～15cm、15～20cm、20～25cm）土层土壤温度。

（3）土壤容重、孔隙度、紧实度。在作物播种前、收获后采用环刀法测定0～40cm（0～10cm、10～20cm、20～40cm）土层土壤容重；采用虹吸法测定土壤孔隙度；采用土壤紧实度仪-6100（美国）测定（0cm、2.5cm、5.0cm、7.5cm、10cm、12.5cm……45cm）土壤紧实度。

（4）土壤风蚀量。在作物收获后—播种前这段时间内采用风蚀圈法测定各处理的土壤风蚀量。

## 二、土壤化学性状的测定指标及方法

（1）土壤全量养分与速效养分。在作物播种前和收获后，测定 0～40cm（0～5cm、5～10cm、10～20cm、20～40cm）土层土壤有机质、土壤全氮、全磷以及土壤碱解氮、速效磷、速效钾等指标。

（2）土壤养分采取各小区对角线取样法，分 4 个层次（0～5cm、5～10cm、10～20cm、20～40cm）取土壤样品，装入塑封袋，经自然阴干用于土壤养分的测定。有机质：重铬酸钾-浓硫酸外加热法（稀释热法）。碱解氮：碱解扩散法。速效磷：0.5mol/L 碳酸氢钠浸提，钼锑抗吸光光度法。速效钾：1mol/L 醋酸铵浸提，火焰光度计法。全氮：半微量凯氏定氮法；全磷：浓硫酸—高氯酸消煮法。

## 三、土壤生物学性状测定指标及方法

（1）在作物播种前、收获后以及全生育期（苗期、拔节期、孕穗—抽穗期、开花期、灌浆期），采用高锰酸钾滴定法、靛酚蓝比色法、3，5-二硝基水杨酸比色法、对硝基酚磷酸钠比色法分别测定（0～10cm、10～20cm、20～40cm）土层土壤过氧化氢酶、脲酶、蔗糖酶、碱性磷酸酶活性。

（2）在作物拔节期和开花期，采用试剂盒提取法测定土样微生物DNA，利用高通量测序法测定 0～20cm 土层土壤微生物数量、种类及多样性。

## 四、土壤微生物群落多样性分析指标及方法

（1）标准信息分析项目。土壤真菌和细菌的序列长度分布、操作分类单元（OUT）分类学信息统计、稀释曲线、Venn 图、丰度分布曲线图、各分类学水平样品物种丰度统计、多样品物种分布、物种丰度差异分析、含进化关系的物种分布、Alpha 多样性分析、聚类分析、主成分分析

（PCA）、物种群落结构图和群落功能基因预测。

（2）个性化分析项目。RDA与影响因子分析、箱线图。

## 五、植株形态指标的测定及方法

（1）在作物（小麦、燕麦）收获后以及全生育期（苗期、拔节期、孕穗—抽穗期、开花期、灌浆期），每小区取植株10～20株测定其株高、叶面积、植株干鲜重。

（2）在作物（小麦、燕麦）收获时，每小区取植株20株测定株高、穗长、单株重、单株穗重、单株粒重、穗粒数、千粒重等考种指标。

（3）在作物（小麦、燕麦）收获时，每小区取3个2m² 进行测产，记录生物产量和经济产量。

（4）在马铃薯收获时，每小区取3个6.67m² 进行测产，记录生物产量、经济产量，并记录马铃薯的大、中、小薯产量。

## 六、植物生长多样性指标的测定及方法

每试验地块定点取0.25m²，3次重复，测定不同植物的生长数量、重量，记录植物种类名称。

## 七、构建农牧交错区退化农田生态系统健康评价指标

依据中华人民共和国国家标准GB15618—1995《土壤环境质量标准》、中华人民共和国农业行业标准NY/1259—2007《基本农田环境质量保护技术规范》、中华人民共和国国家环境保护行业标准HJ/T166—2004《土壤环境监测技术规范》、中华人民共和国国家环境保护标准HJ630—2011《环境监测质量管理技术导则》，对农业生态系统的活力、恢复力、组织力和生态系统服务功能进行了统计分析，提出农牧交错区退化农田生态系统健康评价指标。

# 第四节　技术路线

根据总体设计方案和主要研究内容，制订切实可行的研究计划和实施方案，各主要参加单位分工合作，保证项目顺利实施。

产学研用有机结合，农机农艺相融合，走艺机一体化路子。

明确农牧交错区生态系统退化机理及主要影响因子，结合退化农田和弃耕地等生态环境再利用功能和修复目标，通过关键技术与装备的研发和系统集成，形成具有自主知识产权的、经济高效的生态修复关键技术与机具系统，进行示范推广，并建立相应的生态环境生态功能评价指标及体系。

按照区域作物布局、生产特点，集成项目技术与装备，形成农牧交错区不同区域退化生态环境修复技术体系及机具系统，并进行示范推广。

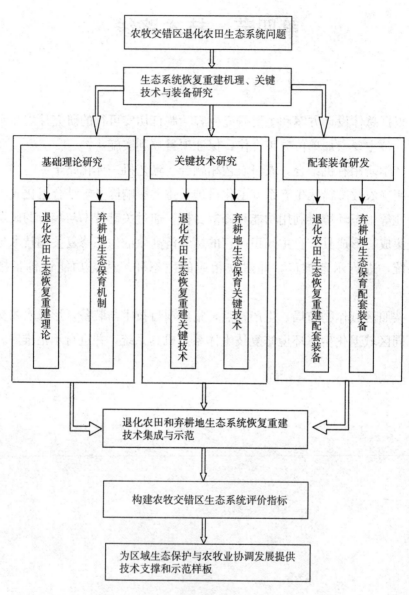

图 3-1 技术路线

# 第四章

## 主要研究结果与分析

# 第一节　退化农田生态恢复与重建关键技术研究

## 一、退化农田秸秆覆盖防风固土机理及关键技术研究

### （一）秸秆覆盖对农田土壤风蚀、水蚀的影响

**1. 留茬高度、风速与土壤风蚀量之间的关系**

由图4-1可知，当残茬高度为10cm和20cm时，风蚀量随风速的变化为上凸曲线，当残茬高度为25cm、30cm和40cm时，风蚀量随风速的变化为下凹曲线，说明25cm留茬高度是一个拐点，防治风蚀效果好。

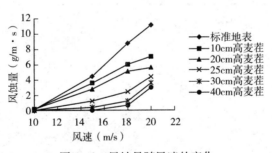

图4-1　风蚀量随风速的变化

秸秆（留茬）覆盖增加地表粗糙度，增大摩擦阻力，降低近地层风速，减弱气流搬运沙粒的能力，阻滞近地层沙量，防止跃移质在运动过程中获得能量而重新启动。风蚀量与风速关系：

$$\begin{cases} Q_{CT}=-115.84+51.5383\ln V & Q\text{——风蚀量} \quad V\text{——风速} \\ Q_{NTC}=-57.98+26.1602\ln V & CT\text{——传统耕作} \quad NTC\text{——免耕秸秆覆盖} \\ Q_{NTN}=-88.892+39.8199\ln V & NTN\text{——免耕无秸秆覆盖} \end{cases}$$

**2. 留茬高度对农田风蚀量的影响**

不同残茬高度地表和标准地表的风蚀实验结果如表4-1，标准地表

是无残茬和不耕作的地表（风速为距地面60cm高度测定值）。

由表4-1可见，标准地表，风速10m/s、15m/s、18m/s和20 m/s时对应的风蚀量为0.28g/（m·s）、4.001g/（m·s）、8.84g/（m·s）和11.1g/（m·s）。风速增大50%，风蚀量增加14.2倍，风速增大1倍，风蚀量增加39.6倍；随留茬高度增加，农田土壤风蚀量下降；随风速增大风蚀量增大。在风速10m/s以下时，只要有10cm以上的留茬，即可控制住农田扬沙，但内蒙古阴山北麓地区风速经常大于10m/s，10cm留茬不能有效地减少风蚀量。如15 m/s风速时，10cm留茬的风蚀量仍然有3.5g/（m·s），而25cm的留茬风蚀量仅0.09 g/（m·s），减少97%；18m/s风速时，10cm留茬风蚀量6.0 g/（m·s），而18cm留茬风蚀量1.0 g/（m·s），减少83%。

表4-1 不同残茬高度和风速条件下的风蚀量

单位：g/（m·s）

| 地表 | 风速（m/s） | | | |
| --- | --- | --- | --- | --- |
| | 10 | 15 | 18 | 20 |
| 标准地表 | 0.28 | 4.00 | 8.84 | 11.1 |
| 10cm高麦茬 | 0.00 | 3.50 | 6.00 | 7.00 |
| 20cm高麦茬 | 0.00 | 2.50 | 4.50 | 5.50 |
| 25cm高残茬 | 0.00 | 1.20 | 2.80 | 4.50 |
| 30cm高麦茬 | 0.00 | 0.50 | 1.56 | 3.50 |
| 40cm高麦茬 | 0.00 | 0.09 | 1.00 | 3.00 |

**3. 免耕与垄向对土壤风蚀的影响**

试验结果表明（表4-2）：当垄向从0°（顺风向）变为90°（垂直风向）时，风蚀量减少73%，垄向对减少风蚀的作用很大，冷凉风沙区种植作物必须考虑垄向问题；垄向由0°变为45°时，风蚀量减少58%，而从45°变为90°时，风蚀量减少36%；开始偏离主风向的垄向作用更大。

表 4 - 2　不同垄向对风蚀的影响

单位：m/s,%

| 垄向 | 离地面 0.6m 高处的风速（m/s） | | | |
|---|---|---|---|---|
| 0° | 10 | 15 | 18 | 20 |
| 45° | 5.89 | 42.78 | 45 | 46 |
| 90° | 0.94 | 8.89 | 15 | 17.9 |
| 45°比 0°减少百分比 | 72 | 63 | 51 | 46 |
| 90°比 45°减少百分比 | 43 | 43 | 32 | 28 |
| 90°比 0°减少百分比 | 84 | 79 | 67 | 61 |

免耕减少人为与机械对土壤的扰动，土壤团粒结构相对稳定，颗粒间亲和力增强，有效减少风蚀；作物垄向与冬春季主风向在夹角 0°~90°范围内，夹角越大防风蚀效果越好。应选择与主风向垂直的垄向进行播种，条件不允许时，也应保持作业垄向与主风向有 45°左右的夹角。

**4. 不同耕作措施地表湿度变化对农田土壤风蚀量的影响**

保护性耕作提高农田表土（3cm）含水量，也是减轻风蚀的重要因素。农田土壤风蚀量与表层土壤含水率呈显著的负相关（图 4 - 2）。

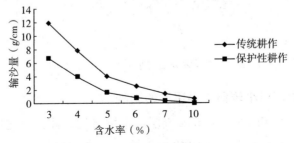

图 4 - 2　两种耕作措施地表湿度变化与风蚀量的关系

## （二）留茬高度对小麦田土壤理化特性的影响

**1. 留茬高度对小麦田土壤含水量的影响**

如图 4 - 3 所示，在 0~10cm 土层，整个生育时期土壤水分含量变化趋势呈先降低后增加再降低再增加再降低的趋势，整个生育时期均为留茬 25cm 土壤水分含量最高，留茬 10cm 的土壤含水量最低，留茬 25cm 比留茬 10cm 在播种前高 26.34%、苗期高 10.75%、拔节期高 13.28%、孕穗—抽穗期高 14.34%、开花期高 14.71%、灌浆期高 11.04%、收获后高

22.88%；10~20cm、20~40cm 土层，各处理土壤含水量在整个生育时期呈 N 形曲线变化，留茬 25cm 土壤水分含量总体高于其他处理。不同留茬高度对 0~10cm 土壤土壤含水量的影响较大，对 10cm 以下土层土壤水分含量的影响较小。

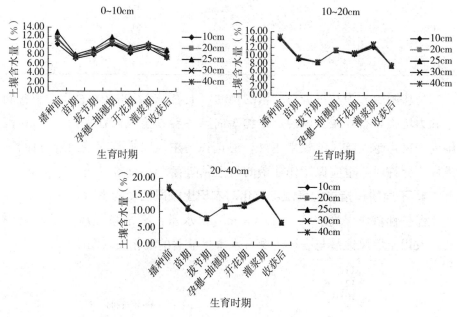

图 4-3 不同留茬高度对小麦土壤水分含量的影响

## 2. 留茬高度对小麦田土壤温度的影响

由图 4-4 可知，在 0~5cm 土层，土壤温度总体上呈先增加后降低再增加的趋势。播种前表现为留茬 40cm＞10cm＞25cm＝30cm＞20cm，收获后表现为 10cm 最高，其次是 30cm，其余各处理土壤温度相差不大；苗期留茬 40cm 土壤温度最高，与留茬 25cm 的土壤温度相差不大，留茬 40cm 的土壤温度较留茬 10cm、20cm、30cm 分别高 15.0%、14.43%、2.7%；拔节期留茬高度为 20cm 的土壤温度最高，留茬 25cm 的土壤温度最低；孕穗期留茬 30cm 土壤温度最高，其较留茬高度为 10cm、20cm、25cm、40cm 土壤温度分别高 9.64%、5.04%、1.62%、5.48%；开花期土壤温度变化表现为留茬高度 10cm＞20cm＞30cm＞25cm＞40cm；灌浆期留茬高度为 40cm 土壤温度最高，其余各处理土壤温度变化相差不大。

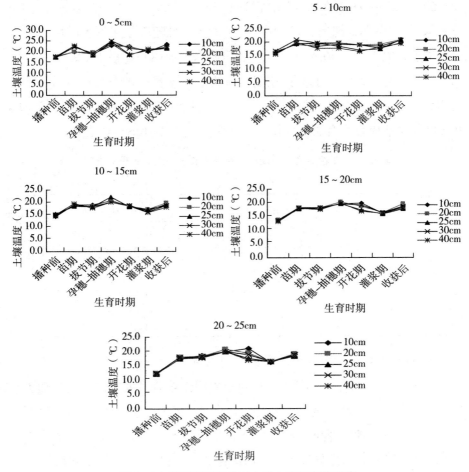

图 4-4 不同留茬高度对小麦土壤温度的影响

5～25cm 土层土壤温度总体变化趋势相同，均为先增高后降低最终趋于平缓，各生育时期各处理间土壤温度变化相差较小。同一处理，随着土层的加深，土壤温度逐渐降低。随着土层的加深，不同留茬高度对土壤温度的影响逐渐减小。

**3. 留茬高度对小麦田土壤容重的影响**

由表 4-3 可知，不同留茬高度对小麦田播种前、收获后土壤容重基本表现为随着土层深度的增加而增加，收获后不同处理较播前表层土壤容重有升高的趋势，这是由于表层土壤经过一年的沉积使土壤孔隙降低，造成容重增加。播种前不同处理土壤容重在 0～5cm 土层表现为留茬 40cm＞

20cm＞30cm＞10cm＞25cm，留茬 25cm 较留茬 10cm、20cm、30cm、40cm
分别低 7.97％、15.04％、12.39％、15.93％，且随着土层深度的增加土壤
容重增加，但在 20～40cm 土层土壤容重降低，原因是在该土层基本为作物
的根系生长区，增加了土壤孔隙度，降低了土壤容重。收获后不同处理较
播前表层土壤容重有升高的趋势，是由于表层土壤经过一年的沉积使土壤
孔隙降低，造成容重增加，且收获后土壤容重以 5～10cm 土层最大。

表 4-3　留茬高度对小麦田播种前、收获后土壤容重的影响

单位：g/cm³

| 处理 | 播种前（cm） | | | | 收获后（cm） | | | |
| --- | --- | --- | --- | --- | --- | --- | --- | --- |
| | 0～5 | 5～10 | 10～20 | 20～40 | 0～5 | 5～10 | 10～20 | 20～40 |
| 10cm | 1.22 | 1.30 | 1.35 | 1.25 | 1.32 | 1.54 | 1.47 | 1.48 |
| 20cm | 1.30 | 1.37 | 1.42 | 1.36 | 1.43 | 1.50 | 1.44 | 1.40 |
| 25cm | 1.13 | 1.12 | 1.31 | 1.25 | 1.38 | 1.52 | 1.50 | 1.44 |
| 30cm | 1.27 | 1.28 | 1.41 | 1.39 | 1.30 | 1.54 | 1.41 | 1.31 |
| 40cm | 1.31 | 1.34 | 1.36 | 1.23 | 1.47 | 1.51 | 1.48 | 1.43 |

**4. 留茬高度对小麦田土壤紧实度的影响**

由图 4-5 可知，不同留茬高度对小麦田土壤紧实度整体表现为随着土
层深度的增加土壤紧实度呈上升趋势，在 0～10cm 土层土壤紧实度处理间
差异较小，之后各处理间差异增大。在 35cm 土层以下，各处理间的土壤紧
实度基本达到平稳，差异较小，且以留茬 25cm 处理的土壤紧实度最低。

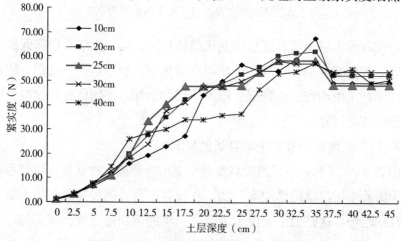

图 4-5　留茬高度对小麦田土壤紧实度的影响

**5. 留茬高度对小麦田土壤有机质含量的影响**

由表4-4可知，不同留茬高度对土壤有机质含量有较大影响，不同处理间总体表现为25cm＞30cm＞20cm＞10cm。在不同土层间各处理土壤有机质含量均表现为0～5cm＞5～10cm＞10～20cm＞20～40cm。以0～5cm土层为例，留茬20cm、25cm、30cm分别较留茬10cm土壤有机质含量提高了10.20％、31.72％、12.27％；留茬高度25cm在土层0～5cm、5～10cm和10～20cm分别较20～40cm土壤有机质含量高34.42％、29.78％和10.03％。

表4-4　留茬高度对土壤有机质含量的影响

单位：g/kg

| 处理 | 土层深度（cm） | | | |
| --- | --- | --- | --- | --- |
| | 0～5 | 5～10 | 10～20 | 20～40 |
| 10cm | 25.19 | 23.60 | 22.40 | 15.39 |
| 20cm | 27.76 | 26.21 | 23.52 | 17.77 |
| 25cm | 32.18 | 31.07 | 26.34 | 23.94 |
| 30cm | 28.28 | 26.49 | 25.51 | 18.20 |

**6. 留茬高度对小麦田土壤全氮含量的影响**

由表4-5可知，0～10cm土层全氮含量以留茬高度为25cm为最高，分别比10cm、20cm、30cm高40.06％、34.03％、9.45％；10～20cm土层以留茬10cm时土壤全氮含量最高，20～40cm土层留茬30cm时土壤全氮含量最高。不同土层不同留茬高度土壤全氮含量均以0～5cm土层最高，随着土层的加深土壤全氮含量总体呈先降低后增加的变化趋势。

表4-5　留茬高度对小麦田土壤全氮含量的影响

单位：g/kg

| 处理 | 土层深度（cm） | | | |
| --- | --- | --- | --- | --- |
| | 0～5 | 5～10 | 10～20 | 20～40 |
| 10 cm | 1.555 | 1.553 | 1.644 | 1.537 |
| 20 cm | 1.625 | 1.489 | 1.140 | 0.813 |
| 25 cm | 2.178 | 1.755 | 1.686 | 1.874 |
| 30 cm | 1.990 | 1.722 | 1.696 | 1.809 |

## 7. 留茬高度对小麦田土壤全磷含量的影响

由表4-6知，不同留茬高度对土壤全磷含量有较大影响，不同处理间总体表现为25cm＞30cm＞20cm＞10cm。在不同土层间各处理土壤全磷含量均表现为0～5cm＞5～10cm＞10～20cm＞20～40cm。以0～5cm土层为例，留茬30cm、25cm和20cm分别较留茬10cm土壤全磷含量提高了14.81％、16.67％和5.56％；以留茬高度30cm为例，0～5cm、5～10cm和10～20cm分别较20～40cm土壤全磷含量高37.78％、22.22％和8.89％。

表4-6 留茬高度对土壤全磷含量的影响

单位：g/kg

| 处理 | 土层深度（cm） | | | |
| --- | --- | --- | --- | --- |
| | 0～5 | 5～10 | 10～20 | 20～40 |
| 10cm | 0.54 | 0.50 | 0.40 | 0.39 |
| 20cm | 0.57 | 0.52 | 0.45 | 0.40 |
| 25cm | 0.63 | 0.55 | 0.50 | 0.45 |
| 30cm | 0.62 | 0.55 | 0.49 | 0.45 |

## 8. 留茬高度对小麦田土壤碱解氮含量的影响

由表4-7可知，0～5cm、5～10cm土层以留茬10cm时土壤碱解氮含量最高，20～40cm土层留茬30cm时土壤碱解氮含量最高。不同土层留茬高度为10cm、20cm、25cm、30cm时土壤碱解氮含量均以0～5cm土层高于其他土层；土壤碱解氮含量留茬10cm和留茬30cm时表现为先降低后升高；留茬20cm和25cm时表现为逐渐降低。

表4-7 不同留茬高度对小麦田土壤速效氮含量的影响

单位：mg/kg

| 处理 | 土层深度（cm） | | | |
| --- | --- | --- | --- | --- |
| | 0～5 | 5～10 | 10～20 | 20～40 |
| 10 cm | 51.66 | 43.87 | 28.27 | 30.35 |
| 20 cm | 42.97 | 37.68 | 28.20 | 23.83 |
| 25 cm | 49.70 | 40.63 | 36.05 | 26.96 |
| 30 cm | 48.90 | 41.99 | 40.61 | 43.29 |

### 9. 留茬高度对小麦田土壤速效钾含量的影响

由表 4－8 可知，0～5cm 土层速效钾含量以留茬 30cm 为最高，5～40cm 土层以留茬 10cm 时土壤速效钾含量最高；不同土层留茬高度为 10cm、25cm、30cm 时土壤速效钾含量以 0～5cm 高于其他土层，留茬 20cm 时土壤速效钾含量以 5～10cm 土层为最高；土壤速效钾含量在留茬 10cm 时表现为逐渐降低；留茬 20cm 时表现为先上升后降低；留茬 25cm 和 30cm 时表现为逐渐降低的趋势。

表 4－8　不同留茬高度对小麦田土壤速效钾含量的影响

单位：mg/kg

| 处理 | 土层深度（cm） | | | |
| --- | --- | --- | --- | --- |
| | 0～5 | 5～10 | 10～20 | 20～40 |
| 10 cm | 240 | 165 | 165 | 155 |
| 20 cm | 120 | 130 | 80 | 70 |
| 25 cm | 270 | 155 | 125 | 75 |
| 30 cm | 285 | 140 | 135 | 135 |

### 10. 留茬高度对小麦田土壤速效磷含量的影响

由表 4－9 可知，0～10cm 土层速效磷含量以留茬 25cm 最高，其较 10cm、20cm、30cm 分别高 22.03％、10.69％、2.58％；10～20cm 土层以留茬 30cm 时土壤速效磷含量最高；20～40cm 土层留茬 20cm 时土壤速效磷含量最高。不同土层不同留茬高度土壤速效磷含量均以 0～5cm 高于其他土层；土壤速效磷含量留茬 10cm 和 20cm 时表现为降低后升高；留茬 25cm 和 30cm 表现为逐渐降低的趋势。

表 4－9　留茬高度对小麦田土壤速效磷含量的影响

单位：mg/kg

| 处理 | 土层深度（cm） | | | |
| --- | --- | --- | --- | --- |
| | 0～5 | 5～10 | 10～20 | 20～40 |
| 10 cm | 12.39 | 4.18 | 3.21 | 4.18 |
| 20 cm | 13.66 | 4.49 | 1.60 | 6.76 |
| 25 cm | 15.12 | 5.12 | 3.24 | 1.92 |
| 30 cm | 14.74 | 7.46 | 5.26 | 4.60 |

## （三）留茬高度对土壤酶活性的影响

### 1. 留茬高度对小麦田土壤过氧化氢酶活性的影响

由图4-6可以看出，过氧化氢酶的活性随着土壤深度的加深而呈现逐渐减小的趋势。全生育期土壤过氧化氢酶平均活性，0～10cm土层以留茬10cm处理最低，留茬20cm、25cm、30cm、40cm较10cm分别高11.21%、18.54%、11.21%、15.95%；0～10cm和10～20cm土层中留茬25cm的土壤过氧化氢酶平均活性为最高。留茬高度为10cm和20cm的土壤过氧化氢酶活性随着生育期推移呈下降趋势，其他处理过氧化氢酶活性呈先降低后增加的趋势。在20～40cm土层中不同留茬高度过氧化氢酶活性都随着生育期推移呈先降低后增加的趋势。不同留茬高度处理下，不同土壤深度过氧化氢酶在整个生育期的平均活性由高到低的次序为留茬30cm＞留茬40cm＞留茬25cm＞留茬20cm＞留茬10cm。

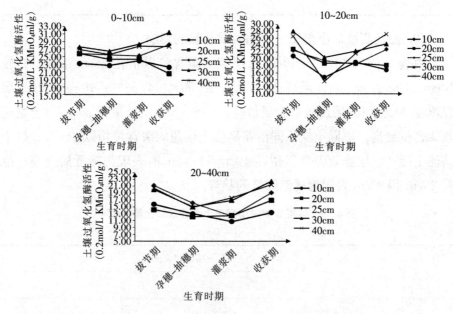

图4-6　不同留茬高度对不同土壤深度过氧化氢酶的影响

### 2. 留茬高度对小麦田土壤蔗糖酶活性的影响

由图4-7可见，所有处理蔗糖酶的活性均随着土壤深度的加深呈降低的趋势，且随着生育期的推移，同一土层中的蔗糖酶活性也呈下降趋势。在 0～10cm 土壤中的蔗糖酶的活性随生育期推移其活性下降的趋势不显著，而在 10～20cm 和 20～40cm 的土层中蔗糖酶活性下降显著。各土层蔗糖酶活性下降的幅度，留茬 25cm、30cm 和 40cm 三个处理低于留茬 10cm 和 20cm 处理。

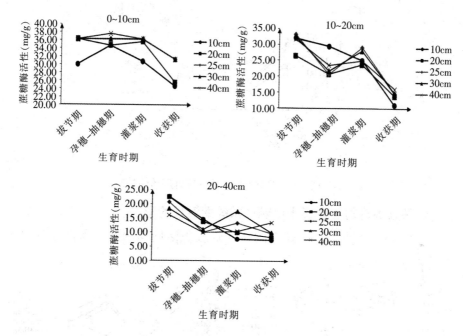

图 4-7　留茬高度对不同土壤深度蔗糖酶活性的影响

### 3. 留茬高度对小麦田土壤脲酶活性的影响

由图 4-8 可见，脲酶的活性随着土壤深度的加深呈降低的趋势；随着生育期推移，在 0～10cm 土壤中，留茬 10cm 的土壤脲酶活性呈逐渐降低的趋势，其余各处理均呈先降低后增加的趋势，在 10～20cm 土壤和 20～40cm 土壤中，所有处理的脲酶活性都呈下降趋势。整个生育期各土层脲酶的平均活性，以留茬 40cm 的处理最低。在 0～10cm 土层，拔节期、孕穗-抽穗期、灌浆期留茬 40cm 分别比留茬 10cm 低 49.73%、40.87%、37.79%。

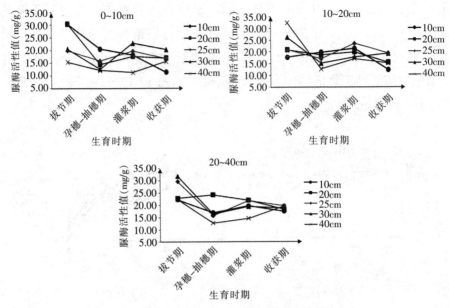

图4-8 留茬高度对不同土壤深度脲酶活性的影响

## 4. 留茬高度对小麦田土壤碱性磷酸酶活性的影响

由图4-9可见，所有处理的碱性磷酸酶活性均随土壤深度增加呈下

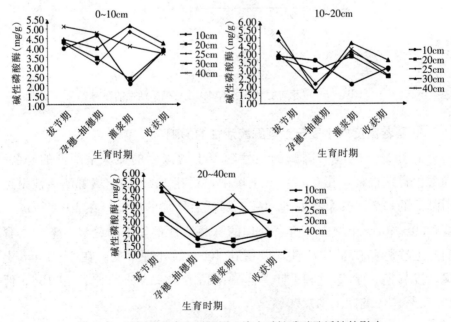

图4-9 不同留茬高度对不同土壤中碱性磷酸酶活性的影响

降趋势。留茬 30cm 处理，在整个生育期各土层碱性磷酸酶的平均活性最高，其值分别为 4.46mg/g、3.85mg/g 和 3.94mg/g。

## （四）留茬高度对小麦生长发育进程的影响

### 1. 留茬高度对小麦株高的影响

从图 4-10 可以看出，苗期留茬 10cm 的株高最高，为 23.5cm，留茬 20cm 与 25cm 的株高相同，均为 21.0cm，留茬 30cm 最低，株高为 15.9cm；在拔节期小麦株高表现为 30cm＞10cm＞20cm＞25cm＞40cm，留茬 30cm 比 10cm、20cm、25cm、40cm 分别高 15.88％、16.46％、21.61％、40.24％；在孕穗-抽穗期 10cm 最高，比 20cm、25cm、30cm、40cm 分别高 20.1cm、14.6cm、20.8cm、14.1cm；开花期小麦株高变化则为 10cm＞25cm＞20cm＞40cm＞30cm；灌浆期为 10cm＞20cm＞25cm＞30cm＞40cm。

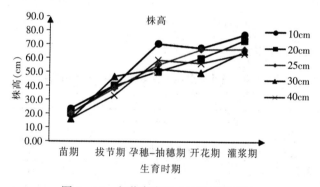

图 4-10　留茬高度对小麦株高的影响

### 2. 留茬高度对小麦叶面积的影响

由图 4-11 可以看出，在小麦苗期，留茬 20cm 的单株叶面积最大，30cm 最小，20cm 较 10cm、25cm、30cm、40cm 处理分别高 10.43％、38.46％、44.58％；拔节期叶面积指数表现为 10cm＞40cm＞25cm＞30cm＞20cm；孕穗-抽穗期各处理单株叶面积指数达到最高，留茬 10cm 的单株叶面积最大，为 23.641cm²/株，分别较 20cm、25cm、30cm、40cm 高 70.73％、13.39％、69.26％、8.94％；开花期叶面积指数表现为 30cm＞10cm＞25cm＞20cm＞40cm，小麦逐渐成熟，叶片开始枯萎，叶面积指数下降；灌浆期叶面积指数表现为 30cm＞40cm＞25cm＞10cm＞20cm。

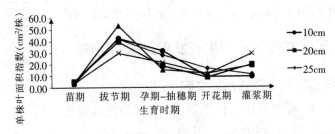

图 4-11 留茬高度对小麦单株叶面积指数的影响

### 3. 留茬高度对小麦鲜重、干重的影响

从表 4-10 可以得出，不同留茬高度下小麦单株鲜重、干重总体上均随生育期推移呈逐渐增加的趋势；苗期单株鲜重、干重表现为 10cm＞20cm＞25cm＞30cm＞40cm，留茬 10cm 单株干重较 20cm、25cm、30cm、40cm 分别高 0.2g/株、0.54g/株、0.73g/株、0.73g/株；拔节期则表现为 25cm＞30cm＞20cm＞40cm＞10cm，留茬 25cm 单株鲜重、干重最高，分别为 2.50g/株、1.31g/株；孕穗期至灌浆期小麦单株鲜重、干重均表现为 25cm＞10cm＞40cm＞20cm＞30cm。

表 4-10 留茬高度对小麦单株鲜重、干重的影响

单位：g/株

| 处理 | 鲜重 | | | | | 干重 | | | | |
| --- | --- | --- | --- | --- | --- | --- | --- | --- | --- | --- |
| | 苗期 | 拔节期 | 孕穗-抽穗期 | 开花期 | 灌浆期 | 苗期 | 拔节期 | 孕穗-抽穗期 | 开花期 | 灌浆期 |
| 10cm | 1.13 | 1.78 | 3.16 | 3.95 | 4.17 | 0.9 | 0.66 | 1.42 | 1.66 | 2.12 |
| 20cm | 0.90 | 2.00 | 2.71 | 3.12 | 4.11 | 0.7 | 0.69 | 0.94 | 1.53 | 1.94 |
| 25cm | 0.44 | 2.50 | 3.99 | 4.06 | 4.46 | 0.36 | 1.31 | 1.46 | 2.18 | 2.95 |
| 30cm | 0.39 | 2.05 | 1.70 | 2.73 | 3.28 | 0.27 | 0.85 | 0.78 | 0.97 | 1.73 |
| 40cm | 0.35 | 1.48 | 2.79 | 3.34 | 3.60 | 0.27 | 0.50 | 1.28 | 1.38 | 1.55 |

### 4. 留茬高度对小麦产量性状的影响

对小麦产量性状进行分析如表 4-11 所示，小麦株高大小顺序为留茬 10cm＞25cm＞30cm＞40cm＞20cm；小麦穗长、单株重均为留茬 40cm 最大，单株穗重、单株粒数、千粒重 25cm 最高，其中千粒重较 10cm、20cm、30cm、40cm 分别高 6.37%、0.89%、3.66%、10.98%。

**表 4 - 11 留茬高度对小麦产量性状的影响**

| 处理 | 株高（cm） | 穗长（cm） | 单株重（g） | 单株穗重（g） | 单株粒重（g） | 单株粒数（粒） | 每穗小穗数（个） | 千粒重（g） |
|------|-----------|-----------|-----------|-------------|-------------|---------------|----------------|-----------|
| 10cm | 76.86 | 13.79 | 2.38 | 1.29 | 1.08 | 25.8 | 12.20 | 35.14 |
| 20cm | 60.38 | 13.31 | 1.91 | 1.22 | 0.88 | 23.2 | 9.80 | 37.05 |
| 25cm | 73.98 | 14.04 | 2.47 | 1.36 | 1.23 | 27.2 | 12.20 | 37.38 |
| 30cm | 64.70 | 12.76 | 1.71 | 1.03 | 0.79 | 21.6 | 10.70 | 36.06 |
| 40cm | 64.09 | 15.04 | 2.56 | 1.53 | 1.05 | 26.2 | 11.56 | 33.68 |

**5. 留茬高度对小麦产量及经济系数的影响**

田间测产结果如表 4 - 12 所示，留茬 25cm 的经济产量最高，为 1 617.475kg/hm²，比 10cm、20cm、30cm、40cm 分别高 6.59%、31.08%、79.63%、64.41%；经济产量和生物产量留茬 10cm 与 25cm 处理差异不显著，经济产量留茬 25cm 与 20cm、30cm、40cm 均存在显著差异；生物产量留茬 10cm、25cm 与 20cm、30cm、40cm 存在显著差异；经济系数均无显著差异。

**表 4 - 12 留茬高度对小麦产量及经济系数的影响**

| 处理 | 经济产量（kg/hm²） | 生物产量（kg/hm²） | 经济系数 |
|------|-------------------|-------------------|----------|
| 10cm | 1 517.425ab | 3 526.763ab | 0.430a |
| 20cm | 1 233.950bc | 2 943.138bc | 0.419a |
| 25cm | 1 617.475a | 3 843.588a | 0.421a |
| 30cm | 900.450d | 2 242.788d | 0.401a |
| 40cm | 983.825cd | 2 409.538cd | 0.408a |

注：a、b、c、d 表示不同处理间在 P<0.05 水平下显著。

# 二、退化农田免（少）耕播种抗旱抑尘关键技术研究

## （一）免（少）耕播种种床整备技术指标

不同作物的免（少）耕播种种床整备技术指标见图 4 - 12 和表 4 - 13。

种行宽度。油菜 32mm 左右、燕麦 40mm 左右、小麦、燕麦 33mm 左右。

种带清洁。种子周围疏松土壤：油菜 20mm 左右、小麦、燕麦 21mm

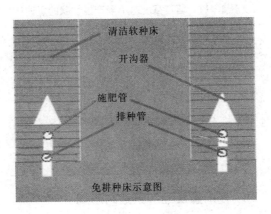

图 4-12　免（少）耕播种种床示意图

左右；利于发芽和根系发育。

播种深度。20～150mm 可调；适宜多种作物和多种类型土壤。

种肥分施。上下间隔 20～50mm。大幅度提高出苗率。

表 4-13　退化农田不同作物的免（少）耕播种种床整备技术指标

| 技术内容 | 指标要求 | |
| --- | --- | --- |
| | 油菜 | 小麦、燕麦 |
| 种行宽度 | 32mm 左右 | 33mm 左右 |
| 松软种床 | 20mm 左右 | 21mm 左右 |
| 播种深度 | 20～150mm 可调 | |
| 种肥分施 | 上下间隔 20～50mm | |

## （二）秸秆覆盖度对农田径流和入渗的影响

在免耕无压实条件下，比较不同覆盖度对累积径流量和入渗量的影响，有秸秆覆盖配合时，表土耕作可以延缓径流，提高入渗率，减少径流（水分流失）60%以上，减少水蚀（土壤流失）80%左右；无秸秆覆盖配合，降雨的能量会很快消除耕作的效果，使地表结壳，从而使径流量增加。测试结果及分析见图 4-13、图 4-14。

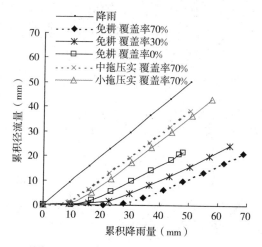

图 4-13 覆盖度对累积径流量的影响

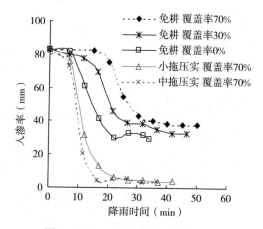

图 4-14 覆盖度对入渗率的影响

## （三）秸秆覆盖度对小麦田土壤含水量的影响

如图 4-15 所示，所有处理在不同土层土壤含水量变化趋势大致相同，随着土层的加深，土壤水分含量先增加后降低。在 0～10cm、10～20cm 土层，各处理播种前土壤含水量均高于收获后，孕穗－抽穗期土壤含水量最高。0～10cm 土层，整个生育期土壤含水量平均值以覆盖度70％的处理最高，其苗期土壤含水量较覆盖度 0、30％、50％、90％的处理高 37.43％、32.45％、26.91％、17.63％。10～20cm 土层，苗期和灌浆期覆盖度 90％的土壤含水量最高，其较覆盖度 0％的土壤含水量分别高 10.87％、13.26％；拔节期土壤含水量表现为覆盖度 30％处理最高，90％最低；孕穗—抽穗期 0％覆盖的土壤含水量最高，30％最低；开花期土壤含水量为覆盖 70％＞90％＞50％＞0％＞30％。在 20～40cm 土层，苗期土壤含水量为覆盖度 30％＞50％＞0％＞70％＞90％，拔节期、孕穗—抽穗期、开花期覆盖度 50％的土壤含水量最高，其较覆盖度 0％的处理分别高 6.45％、13.50％、5.43％。

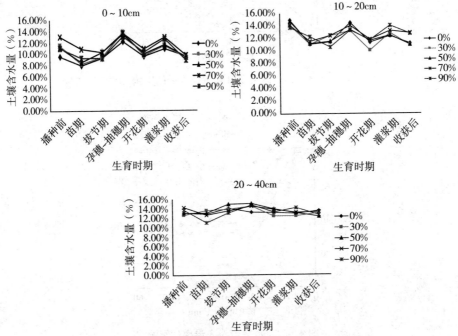

图 4-15　秸秆不同覆盖度对小麦土壤水分含量的影响

## (四) 秸秆覆盖度对小麦田土壤温度的影响

如图 4-16 所示，同一处理，随着土层的加深，土壤温度逐渐降低，不同覆盖度对土壤温度的影响逐渐减小。在 0～5cm 土层，苗期土壤温度表现为覆盖度 90％＞0％＞30％＞70％＞50％，拔节期至灌浆期土壤温度总体上 0％覆盖度高于其他处理、90％覆盖度最低。在 5～10cm 土层，覆盖度 50％的播种前土壤温度最高，收获后覆盖度 0％最高，整个生育时期总体上覆盖度 50％的土壤温度最高；苗期土壤温度高低顺序为覆盖度

50％＞0％＞70％＞90％＞30％；拔节期和孕穗期覆盖度 0％ 与 30％、70％ 与 90％ 的土壤温度相差不大；开花期覆盖度 0％ 的土壤温度最高，30％ 和 50％、70％ 与 90％ 的土壤温度相差不大；灌浆期 0％ 土壤温度最高，其较 30％、50％、70％、90％ 分别高 0.5℃、0.5℃、0.7℃、1.3℃。10～25cm 土层，全生育时期各处理间土壤温度变化相差较小。

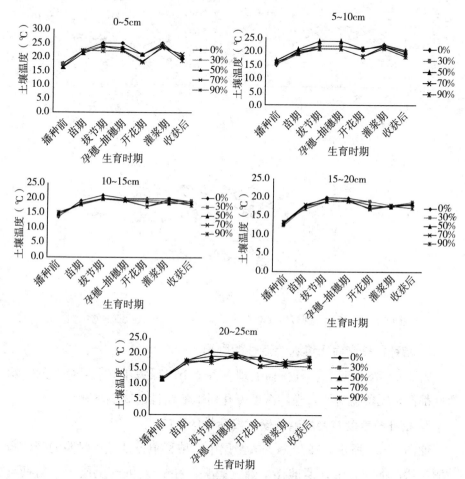

图 4-16　秸秆不同覆盖度对小麦土壤温度影响

## （五）秸秆覆盖度对小麦田土壤酶活性的影响

### 1. 秸秆覆盖度对土壤过氧化氢酶活性的影响

由图 4-17 可见，土壤中过氧化氢酶活性与秸秆覆盖度没有显著的相关性，土壤深度变化对过氧化氢酶活性的影响也不显著。在 0～10cm、10～20cm 和 20～40cm 土层中覆盖度为 70％的处理过氧化氢酶在全生育期的平均活性最高，分别为 3.02、2.78 和 2.65（单位为 0.2mol/L KMnO₄ml/g），比无覆盖对照分别高 10％、6％和 9％。

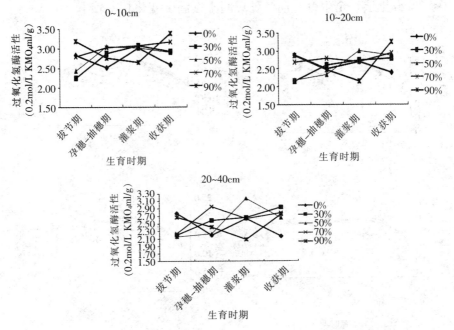

图 4-17　秸秆不同覆盖度对不同深度土壤过氧化氢酶活性的影响

**2. 秸秆覆盖度对土壤脲酶活性的影响**

由图 4-18 可见，秸秆覆盖处理，各个土层脲酶在整个生育期的平均活性都低于无覆盖对照，土层深度变化对脲酶活性的影响不显著。

**3. 秸秆覆盖度对土壤碱性磷酸酶活性的影响**

如图 4-19 所示，在 0～10cm 土层中，秸秆覆盖处理和对照的碱性磷酸酶的活性都随着生育期推移呈降低趋势。在 0～20cm 土层中，秸秆覆盖度为 30％和 70％两个处理土壤碱性磷酸酶的活性随生育期延长有增加的趋势，其中覆盖度为 70％处理酶活性增加的幅度较大，其他覆盖度处理和对照的酶活性都呈降低趋势。在 20～40cm 土层中，除覆盖度为 90％的处理之外，其他覆盖处理和对照碱性磷酸酶活性都随着生育期推移有增加的趋势。综合以上三个层次土壤的碱性磷酸酶的变化情况，以 70％秸秆覆盖度处理，利于保持不同深度土壤碱性磷酸酶活性。

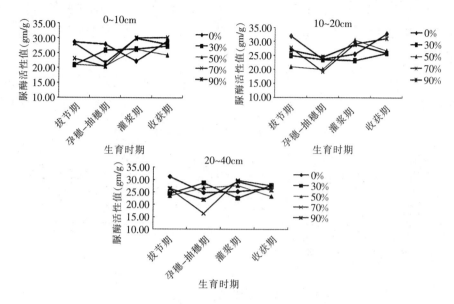

图 4-18　秸秆不同覆盖度对不同土壤深度脲酶活性的影响

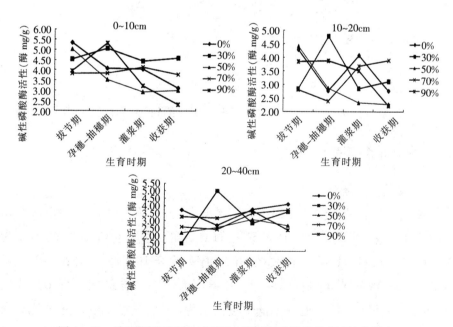

图 4-19　秸秆不同覆盖度对不同土壤深度碱性磷酸酶活性的影响

**4. 秸秆覆盖度对土壤蔗糖酶活性的影响**

由图 4-20 可见，在 0～10cm 和 10～20cm 土层中，除对照外，其他覆盖处理蔗糖酶活性都呈增加趋势，覆盖度为 70％的处理在全生育期的平均酶活性显著高于对照，分别比对照高 10％和 6％。在 20～40cm 土层中，除对照和覆盖 90％处理外，其余处理蔗糖酶活性都随着生育期延长逐渐增加的趋势，但全生育期还是以覆盖度为 70％的处理平均酶活性最高，比对照高 9％。土层深度对蔗糖酶活性的影响不显著。

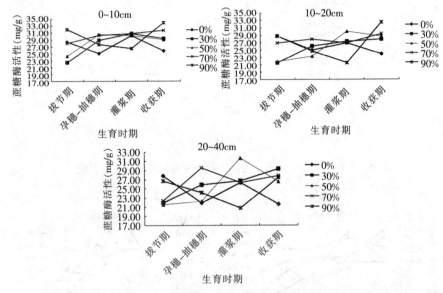

图 4-20　秸秆不同覆盖度对不同土壤深度蔗糖酶活性的影响

# （六）秸秆覆盖度对土壤微生物群落多样性的影响

## 1. 优质序列统计

不同样品真菌、细菌序列统计结果见表 4-14 和表 4-15。由表 4-14 可以看出，拔节期覆盖量为 50％的真菌的优质序列比例最高，为 89.60％，较覆盖量为 0％的真菌的优质序列比高 16.64％。开花期覆盖量为 30％和 50％的真菌的优质序列比相差不大，70％与 90％的真菌的优质序列比相差不大，但各处理均低于覆盖量为 0％的真菌的优质序列比。由表 4-15 可以看出，拔节期覆盖量为 70％的细菌优质序列比列均低于其他各处理，其余各处理间细菌优质序列比列相差不大，开花期各处理间细菌优质序列比列均相差不大。

**表 4-14 土壤真菌序列数统计表**

| 样品 | 编号 | 有效序列 | 优质序列 | 比例 |
|---|---|---|---|---|
| 小麦秸秆覆盖 0%拔节期 | X1B | 19 901 | 15 287 | 76.82% |
| 小麦秸秆覆盖 0%开花期 | X1K | 10 391 | 9 403 | 90.49% |
| 小麦秸秆覆盖 30%拔节期 | X2B | 12 322 | 10 773 | 87.43% |
| 小麦秸秆覆盖 30%开花期 | X2K | 10 760 | 8 980 | 83.46% |
| 小麦秸秆覆盖 50%拔节期 | X3B | 25 211 | 22 588 | 89.60% |
| 小麦秸秆覆盖 50%开花期 | X3K | 17 388 | 14 500 | 83.39% |
| 小麦秸秆覆盖 70%拔节期 | X4B | 21 840 | 17 904 | 81.98% |
| 小麦秸秆覆盖 70%开花期 | X4K | 23 253 | 20 602 | 88.60% |
| 小麦秸秆覆盖 90%拔节期 | X5B | 10 466 | 9 059 | 86.56% |
| 小麦秸秆覆盖 90%开花期 | X5K | 12 138 | 10 755 | 88.61% |

注：Index 完全匹配的序列即为有效序列；对有效序列进行过滤和去除嵌合体之后得到的序列为优质序列。

**表 4-15 土壤样品细菌序列数统计表**

| 样品 | 编号 | 有效序列 | 优质序列 | 比例 |
|---|---|---|---|---|
| 小麦秸秆覆盖 0%拔节期 | X1B | 105 919 | 98 390 | 92.89% |
| 小麦秸秆覆盖 0%开花期 | X1K | 71 293 | 66 769 | 93.65% |
| 小麦秸秆覆盖 30%拔节期 | X2B | 123 889 | 115 279 | 93.05% |
| 小麦秸秆覆盖 30%开花期 | X2K | 106 706 | 99 804 | 93.53% |
| 小麦秸秆覆盖 50%拔节期 | X3B | 95 796 | 89 606 | 93.54% |
| 小麦秸秆覆盖 50%开花期 | X3K | 95 181 | 88 660 | 93.15% |
| 小麦秸秆覆盖 70%拔节期 | X4B | 152 811 | 126 778 | 82.96% |
| 小麦秸秆覆盖 70%开花期 | X4K | 97 358 | 90 960 | 93.43% |
| 小麦秸秆覆盖 90%拔节期 | X5B | 99 959 | 93 560 | 93.60% |
| 小麦秸秆覆盖 90%开花期 | X5K | 57 950 | 53 933 | 93.07% |

注：Index 完全匹配的序列即为有效序列；对有效序列进行过滤和去除嵌合体之后得到的序列为优质序列。

## 2. 操作分类单元 (OTU) 聚类分析

在 97%的相似水平下对序列进行 OTU 的聚类和后续的生物信息分析。土壤微生物 OTU 聚类结果如图 4-21、图 4-22、图 4-23、图 4-24。由图可以看出，真菌以拔节期覆盖量 0%（X1B）和覆盖量 70%（X3B、X3K）的种类最多，细菌两个时期均以覆盖量为 30%（X2B、X2K）种类最多。

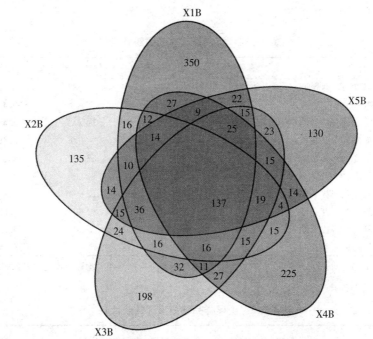

图 4 - 21　秸秆不同覆盖度的小麦田拔节期土壤真菌 OTU 聚类图

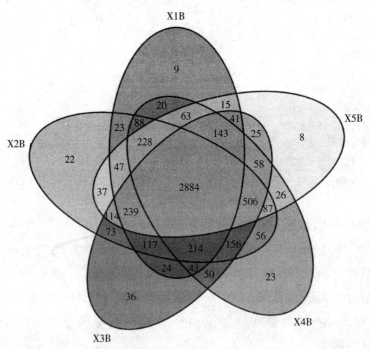

图 4 - 22　秸秆不同覆盖度的小麦田拔节期土壤细菌 OTU 聚类图

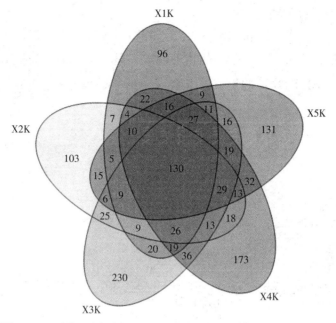

图 4 - 23　秸秆不同覆盖度的小麦田开花期土壤真菌 OTU 聚类图

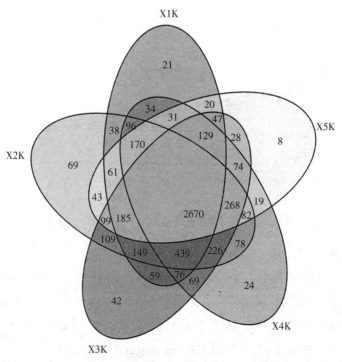

图 4 - 24　秸秆不同覆盖度的小麦田开花期土壤细菌 OTU 聚类图

### 3. 物种丰度分析

丰度分布曲线（Rank abundance curve）见图 4-25 和图 4-26。真菌以拔节期覆盖量 50%（X3B）的物种的组成最丰富，细菌为拔节期覆盖量为 70%（X4B）的物种的组成最丰富。

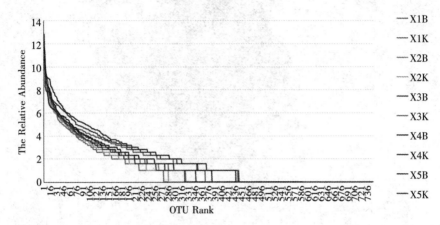

图 4-25　秸秆不同覆盖度的小麦田土壤真菌丰度分布曲线

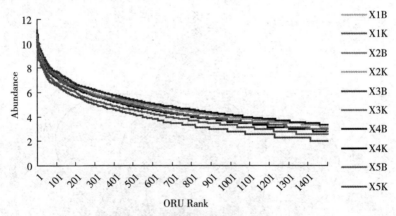

图 4-26　秸秆不同覆盖度的小麦田土壤细菌丰度分布曲线

### 4. Alpha 多样性

表 4-16 结果表明，小麦秸秆覆盖 90% 拔节期（X5B）（Shannon＝4.587 9）和小麦秸秆覆盖 70% 开花期（X4K）（Simpson＝0.023 9）的真菌群落多样性为最高，小麦秸秆覆盖 30% 开花期（X2K）的细菌群落多样性为最高（Shannon ＝ 7.013 8，Simpson ＝ 0.002 6）。

表 4 - 16　秸秆不同覆盖度对小麦田微生物多样性指数的影响

| 指数 | | 丰富度指数 | | | | | | 多样性指数 | | | | | |
| --- | --- | --- | --- | --- | --- | --- | --- | --- | --- | --- | --- | --- | --- |
| | | Ace | | | Chao | | | Simpson | | | Shannon | | |
| 样品 | | $\bar{a}$ | lci | hci | $\bar{a}$ | lci | hci | $\bar{a}$ | lci | hci | $\bar{a}$ | lci | hci |
| 真菌 | X1B | 1 450.16 | 1 347.79 | 1 569.99 | 1 230.02 | 1 101.76 | 1 407.24 | 0.058 2 | 0.056 0 | 0.060 4 | 4.238 8 | 4.204 5 | 4.273 0 |
| | X1K | 588.14 | 539.29 | 656.99 | 608.26 | 542.14 | 710.19 | 0.037 9 | 0.036 5 | 0.039 3 | 4.136 7 | 4.101 8 | 4.171 7 |
| | X2B | 814.16 | 753.10 | 891.58 | 743.56 | 662.30 | 865.02 | 0.062 2 | 0.051 9 | 0.065 1 | 4.088 7 | 4.050 6 | 4.126 9 |
| | X2K | 568.12 | 524.60 | 630.11 | 607.35 | 540.34 | 712.33 | 0.036 5 | 0.034 8 | 0.038 1 | 4.281 5 | 4.245 6 | 4.317 4 |
| | X3B | 813.70 | 764.71 | 879.76 | 805.01 | 747.82 | 888.63 | 0.116 7 | 0.113 0 | 0.120 4 | 3.759 0 | 3.728 6 | 3.789 3 |
| | X3K | 1 201.79 | 1 109.99 | 1 310.97 | 1 019.58 | 906.99 | 1 177.40 | 0.047 9 | 0.046 4 | 0.049 5 | 4.065 4 | 4.033 7 | 4.097 1 |
| | X4B | 826.45 | 765.98 | 907.14 | 820.67 | 748.50 | 924.68 | 0.074 8 | 0.072 6 | 0.077 0 | 3.811 2 | 3.780 3 | 3.842 1 |
| | X4K | 724.19 | 685.60 | 777.87 | 756.03 | 697.92 | 844.59 | 0.023 9 | 0.023 2 | 0.024 7 | 4.581 2 | 4.558 8 | 4.603 6 |
| | X5B | 663.66 | 618.49 | 726.34 | 672.28 | 614.59 | 759.54 | 0.032 0 | 0.030 2 | 0.033 7 | 4.587 9 | 4.551 5 | 4.624 3 |
| | X5K | 648.83 | 601.22 | 714.83 | 663.55 | 600.47 | 759.11 | 0.035 8 | 0.034 3 | 0.037 3 | 4.297 1 | 4.263 9 | 4.330 2 |
| 细菌 | X1B | 4 816.36 | 4 737.93 | 4 906.46 | 4 757.11 | 4 667.48 | 4 863.81 | 0.004 0 | 0.003 9 | 0.004 1 | 6.645 3 | 6.632 8 | 6.657 8 |
| | X1K | 5 011.94 | 4 918.93 | 5 117.40 | 4 925.98 | 4 821.53 | 5 048.67 | 0.002 9 | 0.002 8 | 0.003 0 | 6.885 4 | 6.873 4 | 6.897 3 |
| | X2B | 5 314.22 | 5 256.27 | 5 381.36 | 5 333.27 | 5 258.02 | 5 423.94 | 0.002 9 | 0.002 8 | 0.002 9 | 6.938 1 | 6.928 4 | 6.947 8 |
| | X2K | 5 247.76 | 5 185.57 | 5 309.54 | 5 246.67 | 5 169.11 | 5 339.78 | 0.002 6 | 0.002 6 | 0.002 7 | 7.013 8 | 7.002 0 | 7.025 6 |
| | X3B | 5 286.29 | 5 215.30 | 5 367.49 | 5 224.45 | 5 144.51 | 5 319.51 | 0.002 7 | 0.002 7 | 0.002 8 | 6.953 4 | 6.941 4 | 6.965 5 |
| | X3K | 5 272.77 | 5 197.50 | 5 358.74 | 5 308.82 | 5 209.54 | 5 426.29 | 0.002 9 | 0.002 8 | 0.002 9 | 6.948 6 | 6.936 4 | 6.960 9 |
| | X4B | 4 953.74 | 4 906.67 | 5 009.24 | 4 964.70 | 4 904.35 | 5 039.03 | 0.003 0 | 0.003 0 | 0.003 1 | 6.894 5 | 6.883 9 | 6.9.50 |
| | X4K | 5 093.77 | 5 017.65 | 5 180.74 | 5 092.67 | 4 997.78 | 5 205.08 | 0.003 3 | 0.003 2 | 0.003 4 | 6.797 4 | 6.785 3 | 6.809 6 |
| | X5B | 5 122.67 | 5 047.15 | 5 209.01 | 5 036.85 | 4 954.79 | 5 134.41 | 0.003 3 | 0.003 2 | 0.003 3 | 6.804 3 | 6.793 5 | 6.815 0 |
| | X5K | 4 963.78 | 4 847.87 | 5 094.37 | 4 838.45 | 4 710.78 | 4 987.07 | 0.003 2 | 0.003 1 | 0.003 2 | 6.788 4 | 6.773 1 | 6.803 7 |

注：每一行是每个样品的 Ace、Chao、Shannon、Simpson 指数值。lci、hci 分别表示统计学中的下限和上限值。

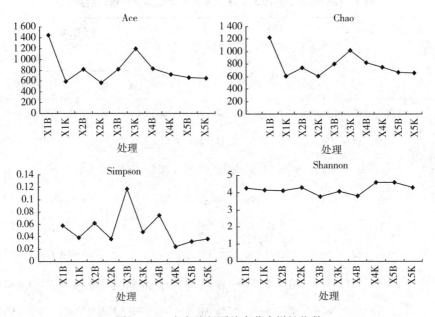

图 4-27 小麦秸秆覆盖真菌多样性指数

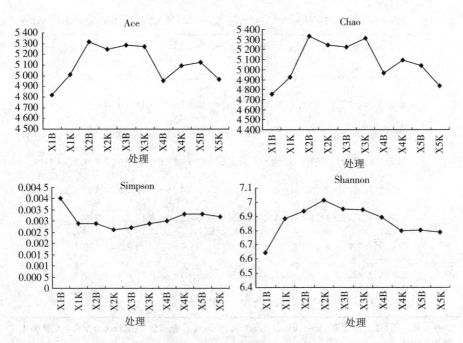

图 4-28 小麦秸秆覆盖细菌多样性比较

**5. 群落结构分析**

对 OTU 表利用 Qiime 生成不同分类水平（门、纲、目、科、属），以门类水平为例的物种丰度表和多样品物种分布图（图 4‑29、图 4‑30 和表 4‑17、表 4‑18）。在门水平上，占优势的门主要有子囊菌门、担子菌门、接合菌门、壶菌门这四个门。在门水平上微生物的演替规律比较明显，子囊菌门在各个处理各生育时期均占优势，其中以覆盖量为 30%（X2B、X2K）的物种丰度和物种组成最丰富。

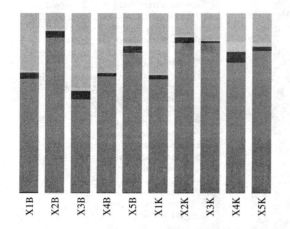

图 4‑29　秸秆不同覆盖度对小麦田真菌分布的影响

**表 4‑17　秸秆不同覆盖度对小麦田真菌丰度的影响**

| Total | | X1B | X2B | X3B | X4B | X5B | X1K | X2K | X3K | X4K | X5K |
|---|---|---|---|---|---|---|---|---|---|---|---|
| Count | % | % | % | % | % | % | % | % | % | % | % |
| 0 | 0.1 | 0.3 | 0 | 0.1 | 0 | 0 | 0 | 0 | 0 | 0.1 | 0.1 |
| 0 | 0.1 | 0.3 | 0.1 | 0.1 | 0.2 | 0.2 | 0 | 0.1 | 0 | 0.2 | 0.1 |
| 7 | 72.5 | 63 | 86.3 | 51.9 | 64.6 | 78 | 63.3 | 83.4 | 83.5 | 72.3 | 78.9 |
| 0 | 2.4 | 2.3 | 3.1 | 4.4 | 1.7 | 2.8 | 1.7 | 2.6 | 0.9 | 2.3 | 2.2 |
| 0 | 0.8 | 1.0 | 0.6 | 0.3 | 0 | 0.8 | 0.4 | 0.7 | 0.2 | 3.9 | 0.3 |
| 0 | 0.1 | 0 | 0 | 0.1 | 0 | 0.2 | 0 | 0 | 0.1 | 0 | 0.1 |
| 0 | 1.5 | 1.1 | 1.0 | 1.4 | 0.2 | 1.5 | 0.9 | 0.8 | 0.3 | 5.3 | 2.1 |
| 2 | 22.5 | 32 | 8.8 | 41.7 | 33.2 | 16.6 | 33.6 | 12.3 | 14.9 | 15.9 | 16.3 |

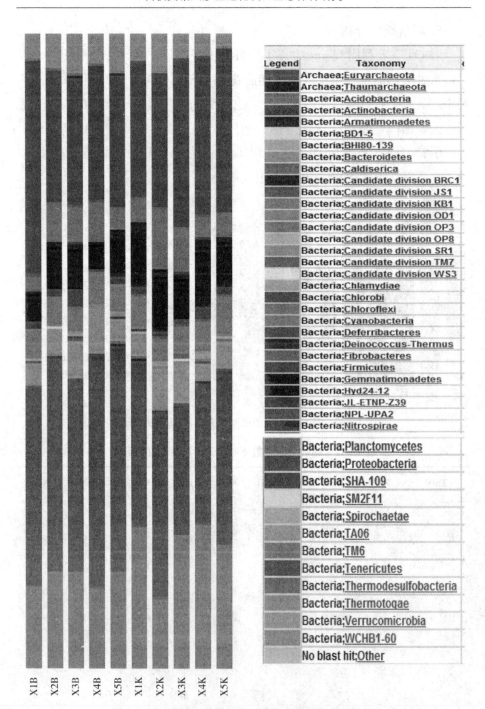

图 4-30　秸秆不同覆盖度对小麦田细菌分布的影响

### 表 4 - 18　秸秆不同覆盖度对小麦田细菌丰度的影响

| Total | | X1B | X2B | X3B | X4B | X5B | X1K | X2K | X3K | X4K | X5K |
|---|---|---|---|---|---|---|---|---|---|---|---|
| Count | % | % | % | % | % | % | % | % | % | % | % |
| 0 | 0.1 | 0.0 | 0.1 | 0.1 | 0.0 | 0.1 | 0.1 | 0.1 | 0.1 | 0.1 | 0.0 |
| 0 | 0.0 | 0.0 | 0.0 | 0.0 | 0.0 | 0.0 | 0.0 | 0.0 | 0.0 | 0.0 | 0.0 |
| 2 | 16.8 | 13.0 | 15.2 | 15.2 | 12.6 | 15.3 | 22.2 | 11.1 | 20.9 | 22.7 | 19.5 |
| 3 | 29.3 | 31.4 | 33.7 | 30.0 | 36.5 | 35.6 | 26.5 | 29.2 | 20.3 | 22.2 | 27.5 |
| 0 | 0.2 | 0.2 | 0.2 | 0.2 | 0.2 | 0.2 | 0.3 | 0.2 | 0.3 | 0.2 | 0.2 |
| 0 | 0.0 | 0.0 | 0.0 | 0.0 | 0.0 | 0.0 | 0.0 | 0.0 | 0.0 | 0.0 | 0.0 |
| 0 | 0.0 | 0.0 | 0.0 | 0.0 | 0.0 | 0.0 | 0.0 | 0.0 | 0.0 | 0.0 | 0.0 |
| 0 | 5.0 | 3.6 | 3.9 | 6.3 | 8.0 | 4.1 | 3.5 | 6.7 | 6.6 | 3.0 | 4.0 |
| 0 | 0.0 | 0.0 | 0.0 | 0.0 | 0.0 | 0.0 | 0.0 | 0.0 | 0.0 | 0.0 | 0.0 |
| 0 | 0.1 | 0.1 | 0.0 | 0.0 | 0.1 | 0.1 | 0.0 | 0.0 | 0.1 | 0.1 | 0.1 |
| 0 | 0.0 | 0.0 | 0.0 | 0.0 | 0.0 | 0.0 | 0.0 | 0.0 | 0.0 | 0.1 | 0.0 |
| 0 | 0.0 | 0.0 | 0.0 | 0.0 | 0.0 | 0.0 | 0.0 | 0.0 | 0.0 | 0.0 | 0.0 |
| 0 | 0.2 | 0.1 | 0.2 | 0.3 | 0.0 | 0.1 | 0.1 | 0.2 | 0.2 | 0.5 | 0.4 |
| 0 | 0.0 | 0.0 | 0.0 | 0.0 | 0.0 | 0.0 | 0.0 | 0.0 | 0.0 | 0.0 | 0.0 |
| 0 | 0.1 | 0.1 | 0.1 | 0.2 | 0.0 | 0.1 | 0.1 | 0.1 | 0.1 | 0.4 | 0.1 |
| 0 | 0.0 | 0.0 | 0.0 | 0.0 | 0.0 | 0.0 | 0.0 | 0.0 | 0.0 | 0.0 | 0.0 |
| 0 | 0.1 | 0.1 | 0.1 | 0.1 | 0.1 | 0.1 | 0.1 | 0.1 | 0.1 | 0.1 | 0.2 |
| 0 | 0.2 | 0.1 | 0.2 | 0.3 | 0.1 | 0.3 | 0.3 | 0.3 | 0.2 | 0.3 | 0.3 |
| 0 | 0.0 | 0.0 | 0.0 | 0.0 | 0.0 | 0.0 | 0.0 | 0.0 | 0.0 | 0.0 | 0.0 |
| 0 | 0.1 | 0.1 | 0.1 | 0.1 | 0.1 | 0.1 | 0.1 | 0.1 | 0.2 | 0.1 | 0.1 |
| 0 | 4.7 | 4.9 | 4.5 | 3.6 | 4.7 | 4.7 | 5.4 | 3.8 | 4.7 | 4.8 | 6.1 |
| 0 | 0.1 | 0.2 | 0.1 | 0.2 | 0.2 | 0.1 | 0.1 | 0.1 | 0.1 | 0.2 | 0.2 |
| 0 | 0.0 | 0.0 | 0.0 | 0.0 | 0.0 | 0.0 | 0.0 | 0.0 | 0.0 | 0.0 | 0.0 |
| 0 | 0.1 | 0.1 | 0.0 | 0.1 | 0.0 | 0.0 | 0.0 | 0.0 | 0.0 | 0.1 | 0.0 |
| 0 | 0.1 | 0.1 | 0.1 | 0.1 | 0.1 | 0.2 | 0.1 | 0.1 | 0.1 | 0.1 | 0.1 |
| 0 | 1.4 | 0.8 | 1.1 | 2.9 | 0.4 | 0.9 | 1.5 | 1.0 | 1.2 | 2.3 | 1.6 |
| 1 | 6.3 | 4.0 | 6.4 | 5.9 | 3.6 | 6.2 | 8.4 | 7.9 | 5.9 | 8.5 | 6.2 |
| 0 | 0.0 | 0.0 | 0.0 | 0.1 | 0.0 | 0.0 | 0.0 | 0.0 | 0.0 | 0.1 | 0.0 |
| 0 | 0.1 | 0.0 | 0.1 | 0.0 | 0.1 | 0.1 | 0.1 | 0.0 | 0.1 | 0.2 | 0.1 |
| 0 | 0.0 | 0.0 | 0.0 | 0.0 | 0.0 | 0.0 | 0.0 | 0.0 | 0.0 | 0.0 | 0.0 |

（续）

| | Total | X1B | X2B | X3B | X4B | X5B | X1K | X2K | X3K | X4K | X5K |
|---|---|---|---|---|---|---|---|---|---|---|---|
| 0 | 1.0 | 0.4 | 0.9 | 0.9 | 0.5 | 0.9 | 1.4 | 1.2 | 1.0 | 1.8 | 1.2 |
| 1 | 5.4 | 2.8 | 6.2 | 6.2 | 6.6 | 3.5 | 3.8 | 10.0 | 7.1 | 3.6 | 4.0 |
| 2 | 23.6 | 33.7 | 20.8 | 20.3 | 21.2 | 21 | 21.3 | 21.1 | 20.6 | 24.8 | 25.7 |
| 0 | 0.0 | 0.0 | 0.0 | 0.0 | 0.0 | 0.0 | 0.0 | 0.0 | 0.0 | 0.0 | 0.0 |
| 0 | 0.0 | 0.0 | 0.0 | 0.0 | 0.0 | 0.0 | 0.0 | 0.0 | 0.0 | 0.0 | 0.0 |
| 0 | 0.0 | 0.0 | 0.0 | 0.1 | 0.0 | 0.0 | 0.0 | 0.0 | 0.0 | 0.1 | 0.0 |
| 0 | 0.0 | 0.0 | 0.0 | 0.0 | 0.0 | 0.0 | 0.0 | 0.0 | 0.0 | 0.0 | 0.0 |
| 0 | 0.0 | 0.0 | 0.0 | 0.0 | 0.0 | 0.0 | 0.0 | 0.0 | 0.0 | 0.0 | 0.0 |
| 0 | 0.0 | 0.0 | 0.0 | 0.0 | 0.0 | 0.0 | 0.0 | 0.0 | 0.0 | 0.0 | 0.0 |
| 0 | 0.0 | 0.0 | 0.0 | 0.0 | 0.0 | 0.0 | 0.0 | 0.0 | 0.0 | 0.0 | 0.0 |
| 0 | 0.0 | 0.0 | 0.0 | 0.0 | 0.0 | 0.0 | 0.0 | 0.0 | 0.0 | 0.0 | 0.0 |
| 0 | 4.8 | 4.1 | 0.7 | 6.5 | 4.9 | 6.3 | 4.4 | 6.2 | 3.9 | 3.5 | 2.3 |
| 0 | 0.0 | 0.0 | 0.0 | 0.0 | 0.0 | 0.0 | 0.0 | 0.0 | 0.0 | 0.0 | 0.0 |
| 0 | 0.0 | 0.1 | 0.0 | 0.0 | 0.0 | 0.0 | 0.0 | 0.0 | 0.0 | 0.0 | 0.0 |

## 6. 物种丰度差异分析

根据门和属两个层次上序列数的统计信息，将各物种丰度归一到同数量级，丰度为 0 的用 0.000 1 代替，用 $\log_2$（样品 1/样品 2）计算样品之间物种丰度的倍数差异。

根据美国国立生物技术信息中心（National Center for Biotechnology Information，NCBI）提供的已有微生物物种的分类学信息数据库，将该测序得到的物种丰度信息回归至数据库的分类学系统关系树中，从整个分类系统上较为全面地了解样品中土壤微生物的进化关系和丰度差异。其含进化关系的物种丰度如图 4-31 和图 4-32。其中真菌及细菌以覆盖量为 30%（X2B、X2K）的序列数均比其他样品多。

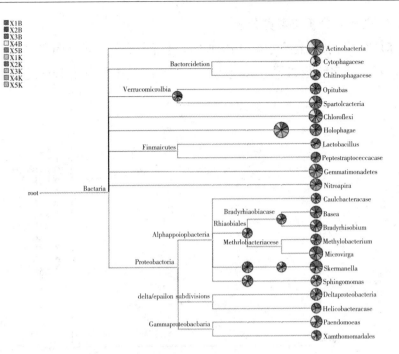

图 4-31　物种进化及丰度信息图（真菌）

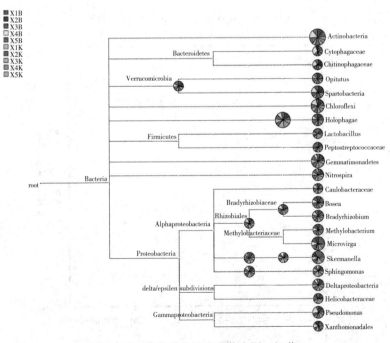

图 4-32　物种进化及丰度信息图（细菌）

### 7. 主成分分析与聚类分析

对"属"水平上的分类及物种丰度进行主成分分析（图 4 - 33、图 4 - 34），两点之间的距离越近，说明两个样品的微生物群落差异越小。使用

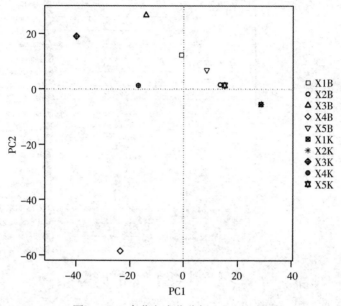

图 4 - 33　真菌主成分分析（PCA）图

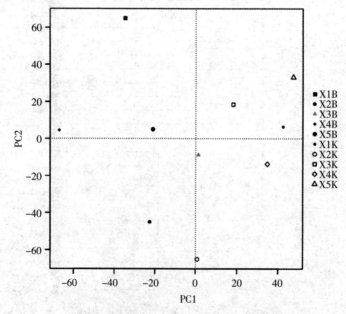

图 4 - 34　细菌主成分分析（PCA）图

R 软件绘制 PCA 散点图。真菌覆盖量 30％拔节期（X2B）与覆盖量 90％开花期的微生物群落差异较小。细菌开花期覆盖量 0％（X1K）的与覆盖量 70％（X4K）的微生物群落差异较小。

**8. 物种群落结构**

基于物种和丰度信息，构建物种群落结构图，以反映样品中的物种和丰度分布情况，从中发现丰度较高的物种。节点的大小反映了对应物种水平的物种丰度，丰度≥1％的物种水平在图中标识（图 4 - 35、图 4 - 36）。

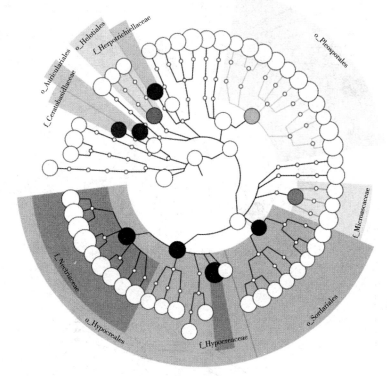

图 4 - 35　不同处理小麦田真菌群落结构图

## （七）秸秆覆盖度对小麦株高的影响

从图 4 - 37 可以看出，在整个生育时期，30％覆盖度的株高基本上均高于其他处理，0％覆盖度的小麦长势较差，整个生育时期均低于其他处理。整个生育时期覆盖度为 30％的处理较 0％的处理分别高 94.91％、31.90％、33.00％、18.99％、12.41％。

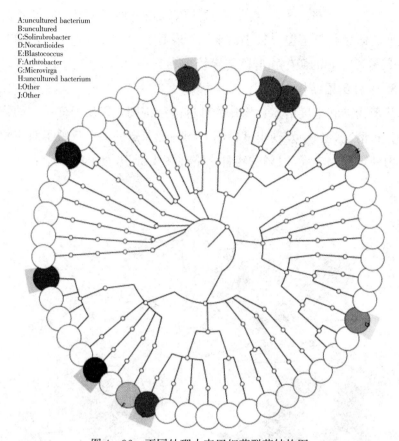

A:uncultured bacterium
B:uncultured
C:Solirubrobacter
D:Nocardioides
E:Blastococcus
F:Arthrobacter
G:Microvirga
H:uncultured bacterium
I:Other
J:Other

图 4 - 36　不同处理小麦田细菌群落结构图

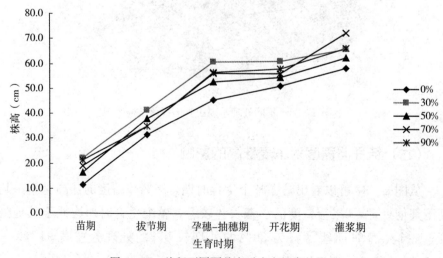

图 4 - 37　秸秆不同覆盖度对小麦株高的影响

## （八）秸秆覆盖度对小麦叶面积的影响

由图 4-38 可以得出，不同覆盖度下小麦的单株叶面积在整个生育时期整体呈现出先上升后下降的趋势，在苗期、拔节期覆盖度为 30％时单株叶面积最大，覆盖度为 0％时最小。孕穗-抽穗期各处理单株叶面积指数达到极值，叶面积指数表现为 70％＞30％＞90％＞50％＞0％。开花期叶面积指数表现为 90％＞70％＞0％＞50％＞30％。小麦逐渐成熟，叶片开始枯萎，叶面积指数下降。灌浆期叶面积指数表现为 30％＞0％＞50％＞70％＞90％。

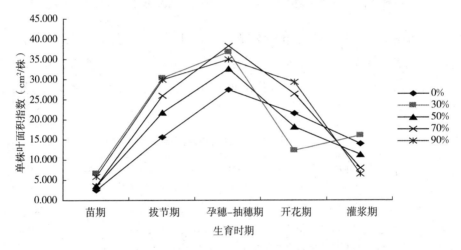

图 4-38　秸秆不同覆盖度对小麦单株叶面积的影响

## （九）秸秆覆盖度对小麦鲜重、干重的影响

从表 4-19 可以得出，不同覆盖度下小麦单株鲜重、干重总体上呈逐渐增加的趋势，苗期单株鲜重、干重表现为 30％＞90％＞50％＞70％＞0％，拔节期单株鲜重、干重以覆盖度 30％为最高。孕穗—抽穗期单株鲜重以覆盖度 30％为最高，单株干重则为覆盖度为 70％时最高。开花期单株鲜重以覆盖度 70％为最高，单株干重则以覆盖度为 30％时最高。灌浆期单株鲜重以覆盖度 70％为最高，单株干重则以覆盖度为 30％时最高。

表4-19 秸秆不同覆盖度对燕麦单株鲜重、干重的影响

| 处理 | 鲜重（g/株） | | | | | 干重（g/株） | | | | |
|------|------|------|------|------|------|------|------|------|------|------|
| | 苗期 | 拔节期 | 孕穗-抽穗期 | 开花期 | 灌浆期 | 苗期 | 拔节期 | 孕穗-抽穗期 | 开花期 | 灌浆期 |
| 0% | 0.28 | 0.87 | 1.95 | 2.17 | 3.11 | 0.06 | 0.29 | 0.64 | 0.84 | 1.33 |
| 30% | 0.95 | 3.08 | 3.34 | 3.45 | 3.63 | 0.19 | 0.94 | 1.24 | 1.47 | 1.83 |
| 50% | 0.53 | 1.69 | 2.18 | 2.88 | 3.14 | 0.11 | 0.59 | 1.03 | 0.94 | 1.51 |
| 70% | 0.32 | 1.56 | 2.18 | 4.12 | 3.78 | 0.06 | 0.48 | 1.42 | 1.03 | 1.68 |
| 90% | 0.60 | 1.57 | 2.76 | 3.80 | 3.20 | 0.12 | 0.54 | 1.30 | 1.17 | 1.32 |

## （十）秸秆不同覆盖度对小麦产量性状的影响

对小麦产量性状进行分析如表4-20所示，小麦株高大小顺序为70%＞90%＞30%＞50%＞0%；小麦穗长、单株重、单株穗重、单株粒、千粒重均为30%最大，其中千粒重较0%、50%、70%、90%分别高21.48%、23.05%、7.90%、20.04%。

表4-20 秸秆不同覆盖度对小麦产量性状的影响

| 处理 | 株高（cm） | 穗长（cm） | 单株重（g） | 单株穗重（g） | 单株粒重（g） | 单株粒数（粒） | 每穗小穗数（个） | 千粒重（g） |
|------|------|------|------|------|------|------|------|------|
| 0% | 56.67 | 13.53 | 1.45 | 0.96 | 0.62 | 18.8 | 9.10 | 35.15 |
| 30% | 63.53 | 14.79 | 2.64 | 1.54 | 1.13 | 28.9 | 12.20 | 42.70 |
| 50% | 59.98 | 14.74 | 2.02 | 1.15 | 0.77 | 22.5 | 11.40 | 34.70 |
| 70% | 69.71 | 14.42 | 2.47 | 1.36 | 1.03 | 25.7 | 12.10 | 39.58 |
| 90% | 63.71 | 12.32 | 1.65 | 0.95 | 0.70 | 19.8 | 9.50 | 35.57 |

## （十一）秸秆覆盖度对小麦产量及经济系数的影响

田间测产结果如表4-21所示，不同覆盖度对小麦产量及经济系数有影响，覆盖度30%的经济产量最大，为1 567.45kg/hm²；其次是覆盖度90%，为1 008.838kg/hm²；30%、50%、70%、90%分别比0%高79.40%、6.87%、14.51%、26.91%，50%与70%覆盖度处理经济产量差异不显著，与其他各处理间均存在显著差异，其余各处理间也存在显著差异；生物产量在覆盖度为30%和90%时无显著差异，50%与70%无显

著差异。覆盖度为 30％和 90％时与其他覆盖处理均有显著差异。

表 4-21　秸秆不同覆盖度对小麦产量及经济系数的影响

| 处理 | 生物产量（kg/hm²） | 经济产量（kg/hm²） | 经济系数 |
|------|------------------|------------------|---------|
| 0％ | 2 303.059c | 873.742d | 0.379 |
| 30％ | 3 451.725a | 1 567.450a | 0.454 |
| 50％ | 2 376.171b | 933.800c | 0.393 |
| 70％ | 2 451.258b | 1 000.500c | 0.408 |
| 90％ | 3 368.350a | 1 108.838b | 0.329 |

注：a、b、c、d 表示不同处理间在 $P<0.05$ 水平下显著。

# 三、退化农田带状保护性耕作关键技术研究

## （一）不同带宽处理燕麦茬及秋翻裸地中风积规律

经过 2013 年 10 月 15 日到 2014 年 5 月 15 日整个风蚀阶段的吹蚀，取得 25cm 茬高不同残茬带及间作秋翻裸露带中央的风积量及茬中和距茬不同距离处的风蚀量。

从风积量的结果看（表 4-22），残茬带分别为 1.2m、3.6m、6.0m、8.4m 和 10.8m 的茬地中央风积量分别为 2.765t/hm²、1.626t/hm²、1.231t/hm²、1.657t/hm² 和 1.485t/hm²（图 4-39）。带宽小于 6m 时，风积量随带宽增加而减小，带宽为 6m 左右时风积量最低，其值为 1.231t/hm²；随着残茬带宽的继续增加，风积量又开始增加，到 10m 左右后又开始下降，因此在 1.2～10.8m 出现波峰和波谷两个临界点，出现波峰的临界点为 10m，出现波谷的临界点为 6m。

表 4-22　不同带宽土壤风积量变化

单位：t/hm²,％

| 处理 | 1.2m | 较大面积裸地减少比例 | 3.6m | 较大面积裸地减少比例 | 6.0m | 较大面积裸地减少比例 | 8.4m | 较大面积裸地减少比例 | 10.8m | 较大面积裸地减少比例 |
|------|------|----------|------|----------|------|----------|------|----------|-------|----------|
| 残茬带中央 | 2.765 | 43.48 | 1.626 | 66.75 | 1.231 | 74.84 | 1.657 | 66.12 | 1.485 | 69.63 |
| 间作裸地带中央 | 3.196 | 34.66 | 1.950 | 60.13 | 2.065 | 57.79 | 2.307 | 52.83 | 3.017 | 38.33 |
| 大面积裸地 | 4.892 | — | 4.892 | — | 4.892 | — | 4.892 | — | 4.892 | — |

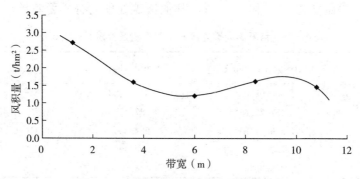

图 4 - 39　茬中风积量随带宽的变化规律

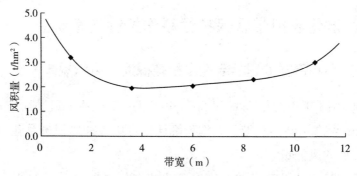

图 4 - 40　间作裸地风积量随带宽的变化规律

利用陷阱诱捕桶对大面积裸地风积量的测定结果为 4.892 t/hm²，残茬带宽为 1.2m、3.6m、6.0m、8.4m 和 10.8m 的茬地中央风积量与大面积裸地的风积量相比风蚀降低率分别为 43.48%、66.75%、74.84%、66.12%和 69.63%。与残茬带间作的带宽为 1.2m、3.6m、6.0m、8.4m 和 10.8m 的秋翻地中央风积量分别为 3.196t/hm²、1.950t/hm²、2.065t/hm²、2.307t/hm² 和 3.017t/hm²，与裸地相比，降低风蚀率分别为 34.66%、60.13%、57.79%、52.83%和 38.33%。如图 4 - 40 所示，随带宽加大风积量不断降低，到 3.6m 带宽左右达到最低值，约 1.950t/hm²，之后随带宽增加而不断增加。

## （二）不同带宽处理土壤风蚀规律

风蚀量的大田监测结果与风积量趋势基本相同，只是在数量上略有差异，表 4 - 23 结果表明：残茬带分别为 1.2m、3.6m、6.0m、8.4m 和

10.8m 的茬地中央风蚀量分别为 0.800t/hm²、0.403t/hm²、0.387t/hm²、0.439t/hm² 和 0.421t/hm²，从图 4-41 可以直观地看出茬中土壤风蚀量的变化规律，基本在 5m 带宽内土壤风蚀量显著降低，5～10m 范围土壤风蚀量缓慢上升，与风积量相比不及风积量的增幅大，带宽超出 10m 土壤风蚀量又呈现稳中有降的变化趋势。与大面积裸地的风蚀量 2.905t/hm² 比较，残茬带降低风蚀率分别为 72.45%、86.14%、86.68%、84.88% 和 85.51%。

表 4-23　不同带宽土壤风蚀量变化

单位：t/hm²，%

| 处理 | 1.2m | 较大面积裸地减少比例 | 3.6m | 较大面积裸地减少比例 | 6.0m | 较大面积裸地减少比例 | 8.4m | 较大面积裸地减少比例 | 10.8m | 较大面积裸地减少比例 |
|---|---|---|---|---|---|---|---|---|---|---|
| 残茬带 | 0.800 | 72.45 | 0.403 | 86.14 | 0.387 | 86.68 | 0.439 | 84.88 | 0.421 | 85.51 |
| 间作裸地带 | 0.894 | 69.21 | 0.822 | 71.69 | 1.481 | 49.00 | 1.496 | 48.49 | 1.806 | 37.83 |
| 残茬带＋裸地带 | 0.847 | 70.83 | 0.613 | 78.91 | 0.934 | 67.84 | 0.968 | 66.68 | 1.113 | 61.67 |
| 大面积裸地 | 2.905 | — | 2.905 | — | 2.905 | — | 2.905 | — | 2.905 | — |

等带宽间作秋翻地距茬不同距离处风蚀量加权平均后得到间作裸露带的平均风蚀量分别为 0.894t/hm²、0.822t/hm²、1.481t/hm²、1.496t/hm² 和 1.806t/hm²，同样从图 4-42 可以直观地分析其变化趋势，土壤风蚀量基本在带宽 3m 之内呈直线下降，到带宽 3m 时土壤风蚀量最低，带宽大于 3m、小于 7m 这一阶段土壤风蚀量几乎又呈直线上升趋势，在 7～10m 间土壤风蚀量基本保持稳定，而当带宽大于 10m 后土壤风蚀量又呈直线上升趋势，不同带宽间作裸地较大面积裸地降低风蚀率分别为 69.21%、71.69%、49.00%、48.49% 和 37.83%。残茬带与等带宽裸地间作的平均风蚀量分别为 0.847t/hm²、0.613t/hm²、0.934t/hm²、0.968t/hm² 和 1.113t/hm²，较大面积裸地降低风蚀率分别为 70.83%、78.91%、67.84%、66.68% 和 61.67%。从图 4-43 可以看出，不同带宽残茬＋等宽秋翻地即采取带状留茬间作模式后的土壤风蚀量变化规律，基本与间作裸地的变化趋势相同，因此仅从这一点分析认为，带状间作农田土壤风蚀量的大小与残茬带的土壤风蚀量相关性不大，与间作耕翻地的土壤风蚀量息息相关。

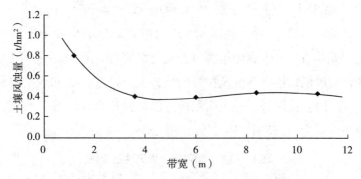

图 4-41 茬中风蚀量随带宽的变化规律

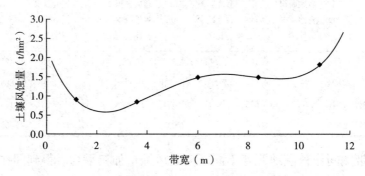

图 4-42 间作裸地带风蚀量随带宽的变化规律

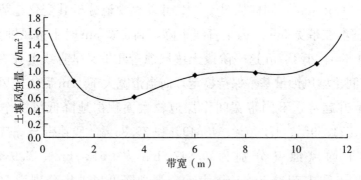

图 4-43 残茬＋裸地风蚀量随带宽的变化规律

## （三）带宽对马铃薯 /燕麦田播种前、收获后土壤容重的影响

由表 4-24 可知，带宽对马铃薯/燕麦田播种前、收获后土壤容重基本表现为随着土层深度的增加而增加，是由于在地表土层作为作物的根系生长区，增加了土壤孔隙度，降低了土壤容重。马铃薯/燕麦间作不同带

宽收获后土壤容重均高于播种前土壤容重，收获后燕麦土壤容重不同土层均比种植马铃薯的土壤容重大，是由于马铃薯收获时对土壤进行了翻动，使土壤结构发生变化，土壤松弛，容重降低。

表 4-24　带宽对马铃薯/燕麦播种前、收获后土壤容重的影响

单位：g/cm³

| 层次 | 处理 | 播种前 | 收获后 | |
|---|---|---|---|---|
| | | | 马铃薯 | 燕麦 |
| 0~10cm | 带宽 1.2m | 1.20 | 1.21 | 1.37 |
| | 带宽 3.6m | 1.23 | 1.25 | 1.33 |
| | 带宽 6.0m | 1.21 | 1.29 | 1.33 |
| | 带宽 8.4m | 1.19 | 1.23 | 1.32 |
| | 带宽 10.8m | 1.18 | 1.23 | 1.30 |
| 10~20cm | 带宽 1.2m | 1.28 | 1.34 | 1.37 |
| | 带宽 3.6m | 1.27 | 1.35 | 1.38 |
| | 带宽 6.0m | 1.27 | 1.34 | 1.36 |
| | 带宽 8.4m | 1.28 | 1.35 | 1.38 |
| | 带宽 10.8m | 1.26 | 1.33 | 1.37 |
| 20~30cm | 带宽 1.2m | 1.46 | 1.51 | 1.47 |
| | 带宽 3.6m | 1.46 | 1.45 | 1.46 |
| | 带宽 6.0m | 1.45 | 1.49 | 1.48 |
| | 带宽 8.4m | 1.48 | 1.48 | 1.49 |
| | 带宽 10.8m | 1.48 | 1.50 | 1.52 |

## （四）带宽对马铃薯/燕麦田马铃薯产量的影响

由表 4-25 可知，马铃薯/燕麦间作田，对马铃薯测产结果显示，小薯产量中马铃薯/燕麦间作带宽 1.2m＞6.0m＞3.6m＞10.8m＞8.4m，中薯产量 10.8m＞6.0m＞3.6m＞8.4m＞1.2m，大薯产量 8.4m＞6.0m＞

3.6m＞10.8m＞1.2m，总产量 8.4m＞6.0m＞10.8m＞3.6m＞1.2m，马铃薯/燕麦间作带宽 10m 的大薯产量及总产量均高于其他处理。

表 4-25 带宽对马铃薯/燕麦间作马铃薯产量的影响

单位：g

| 处理 | 产量 | | | |
| --- | --- | --- | --- | --- |
| | 小薯（<50g） | 中薯（50～150g） | 大薯（>150g） | 总产量 |
| 马铃薯/燕麦 1.2m | 691.870 | 1 107.785 | 1 873.910 | 3 673.565 |
| 马铃薯/燕麦 3.6m | 714.190 | 1 272.595 | 1 959.700 | 3 946.485 |
| 马铃薯/燕麦 6.0m | 705.200 | 1 362.690 | 2 101.670 | 4 169.560 |
| 马铃薯/燕麦 8.4m | 484.870 | 1 112.210 | 2 588.330 | 4 185.410 |
| 马铃薯/燕麦 10.8m | 527.540 | 1 721.795 | 1 916.910 | 4 166.245 |

由此可以看出，马铃薯/燕麦种植带宽 8～10m 更有利于马铃薯增产。

## （五）带宽对燕麦产量性状及经济系数的影响

对燕麦产量性状进行分析如表 4-26 所示。燕麦穗长以带宽 4m 最长，分别比 6m、8m、10m、12m 长 1.25cm、3.14cm、3.02cm、0.02cm；轮层数带宽 6m 最多；小穗数则表现为带宽 12m 最大；燕麦的单株重、单株穗重、单株粒数、单株粒重均表现为带宽 6m 最大；千粒重表现为带宽 1.2m＞6.0m＞3.6m＞8.4m＞10.8m。

表 4-26 不同带宽对燕麦产量性状的影响

| 处理 | 株高（cm） | 穗长（cm） | 单株重（g） | 单株穗重（g） | 单株粒重（g） | 单株粒数（g） | 每穗小穗数（个） | 轮层数（个） | 千粒重（g） |
| --- | --- | --- | --- | --- | --- | --- | --- | --- | --- |
| 带宽 1.2m | 113.48 | 20.51 | 3.099 | 1.344 | 0.818 | 44.8 | 9.0 | 5.0 | 40.46 |
| 带宽 3.6m | 96.29 | 19.26 | 3.531 | 1.629 | 1.004 | 53.5 | 10.4 | 6.0 | 36.7 |
| 带宽 6.0m | 83.58 | 17.37 | 3.284 | 1.629 | 0.961 | 49.0 | 9.7 | 5.0 | 38.52 |
| 带宽 8.4m | 81.35 | 17.49 | 2.769 | 1.417 | 0.917 | 43.7 | 8.2 | 5.0 | 34.46 |
| 带宽 10.8m | 86.87 | 20.49 | 2.772 | 1.532 | 0.911 | 50.1 | 10.8 | 5.0 | 32.32 |

**表 4 - 27　不同带宽对燕麦产量及经济系数的影响**

| 处理 | 生物产量（kg/hm²） | 经济产量（kg/hm²） | 经济系数 |
|---|---|---|---|
| 带宽 1.2m | 342.95 | 95.05 | 0.277 147 |
| 带宽 3.6m | 388.53 | 120.62 | 0.310 443 |
| 带宽 6.0m | 399.09 | 123.40 | 0.309 192 |
| 带宽 8.4m | 380.19 | 120.06 | 0.315 789 |
| 带宽 10.8m | 396.87 | 126.73 | 0.319 328 |

　　田间测产结果如表 4 - 27 所示。带宽 10.8m 的经济产量最大，为 126.73kg/hm²，其次是 8.4m，带宽 3.6m 与 8.4m 相差不大，1.2m 最小，为 95.05kg/hm²。带宽 6.0m 的燕麦生物产量为 399.09kg/hm²，分别比 1.2m、3.6m、8.4m 高 16.37%、2.71%、4.97%，与带宽 10.8m 相差不大。

## 四、退化农田免（少）耕松土蓄墒减蒸机理与关键技术研究

### （一）耕作方式对土壤物理特性的影响

#### 1. 耕作方式对土壤水分含量的影响

　　不同耕作方式下对不同土层土壤含水量的影响如图 4 - 44、图 4 - 45、图 4 - 46 所示，不同耕作措施在不同土层土壤含水量变化趋势大致相同，且总体上表现为免耕最大、翻耕最小。

　　如图 4 - 44 所示，在 0～10cm 土层，苗期土壤含水量表现为免耕最高，其较深松、旋耕、翻耕处理分别高 10.02%、19.35%、33.25%；拔节期的土壤含水量表现为深松最高，为 12.94%，旋耕最低，为 9.74%；孕穗期土壤含水量表现为免耕最高，深松最低，深松处理较免耕、旋耕、翻耕处理分别低 18.39%、7.38%、3.85%；抽穗-开花期土壤含水量表现为免耕＞翻耕＞深松＞旋耕；抽穗-开花期后土壤水分含量逐渐降低，灌浆期和成熟期均表现为免耕＞旋耕＞深松＞翻耕。

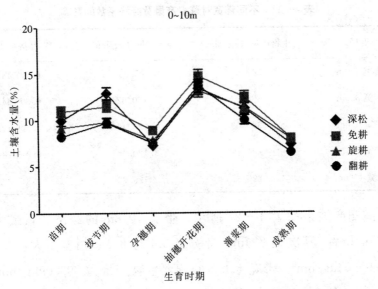

图 4-44　不同耕作方式对 0～10cm 土壤水分含量的影响

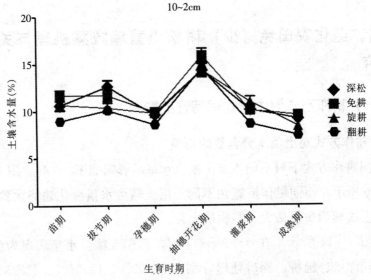

图 4-45　不同耕作方式对 10～20cm 土壤水分含量的影响

图 4-46 所示，10～20cm 与 0～10cm 土层土壤含水量的总体变化趋势相同，苗期土壤含水量免耕最高，为 11.66%，深松、旋耕、翻耕处理较免耕处理分别低 8.49%、8.15%、22.90%；拔节期深松处理的含水量最高，为 12.64%，其较免耕、旋耕、翻耕处理分别高 8.50%、21.42%、

24.78%；孕穗期土壤含水量表现为免耕＞旋耕＞深松＞翻耕，各处理间土壤含水量相差不大；抽穗-开花期免耕土壤含水量最高，较深松、旋耕、翻耕处理分别高 10.82%、10.59%、9.37%，深松、旋耕、翻耕处理间土壤含水量相差不大；灌浆期土壤含水量则表现为旋耕最高，翻耕最低，旋耕较翻耕处理高 26.97%，免耕、深松处理土壤含水量相差不明显；成熟期土壤含水量表现为免耕＞深松＞旋耕＞翻耕。

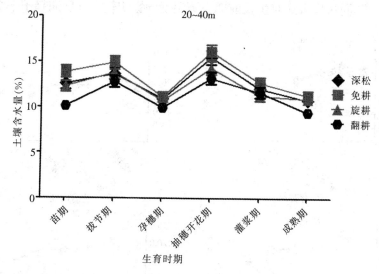

图 4-46　不同耕作方式对 20～40cm 土壤水分含量的影响

20～40cm 土层土壤含水量苗期仍为免耕最高，为 13.88%；拔节期和孕穗期土壤含水量均表现为免耕＞旋耕＞深松＞翻耕；抽穗—开花期土壤含水量较孕穗期明显增长，其中免耕土壤含水量最高，较深松、旋耕、翻耕处理分别高 3.88%、12.38%、21.93%；灌浆期土壤含水量表现为免耕最高，旋耕最低，旋耕较免耕、深松、翻耕处理分别低 10.97%、6.47%、3.09%；成熟期土壤含水量表现为免耕＞旋耕＞深松＞翻耕。

各个处理土壤含水量随着土层的加深逐渐增加。随着生育时期的推进，在 0～10cm、10～20cm、20～40cm 土层均表现"双峰"曲线变化趋势，峰值分别在拔节期和抽穗-开花期，并在抽穗-开花期达到最大，且各处理间均存在显著性差异。这是由于本实验不设人为灌溉处理，水分供应主要是自然降水，抽穗-开花期正处于 8 月份，降雨集中，降雨量充足，土壤含水量较高。在整个生育时期，总体上免耕土壤含水量最高，翻耕最低，这是由于免耕减少了对土壤的扰动，有效持水空间增加，而翻耕改变了土壤结构，使土壤孔隙度增加，从而加大了土壤水分的蒸发。

**2. 耕作方式对土壤温度的影响**

从图4-47可以看出，不同土层土壤温度均随生育期的推移呈先升高后降低的趋势，5~25cm土层土壤温度在孕穗期后有小幅波动，但波动幅度相差不大。不同耕作方式对生长前期土壤温度的影响较大，后期趋于平缓。

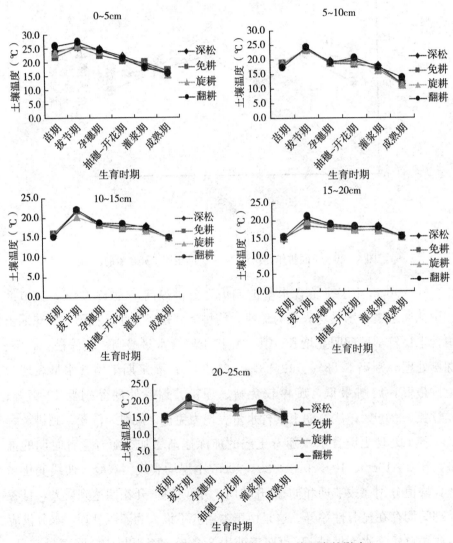

图4-47　不同耕作方式对不同土层土壤温度的影响

在 0～5cm 土层，苗期翻耕土壤温度最高，其较免耕、深松、旋耕处理分别高 16.74％、7.05％、9.32％；拔节期翻耕土壤温度最高，免耕最低，免耕与深松处理较土壤温度相差较小，其较翻耕、旋耕处理分别低 6.59％、3.04％；孕穗期深松、翻耕、旋耕处理之间温度相差不大，且均高于免耕处理，较免耕处理分别高 8.37％、7.05％、6.61％；抽穗—开花期土壤温度表现为深松＞旋耕＞翻耕＞免耕；灌浆期土壤温度表现为免耕＞深松＞旋耕＞翻耕；成熟期土壤温度表现为免耕＞翻耕＞深松＞旋耕。

在 5～10cm 土层，苗期土壤温度表现为免耕＞旋耕＞深松＞翻耕，且免耕、旋耕、深松各处理间土壤温度变化相差不大；拔节期土壤温度翻耕最高，免耕次之，旋耕和深松处理土壤温度相同，且均低于翻耕与免耕处理；孕穗期深松处理土壤温度最高，免耕最低，翻耕与旋耕处理温度相同；灌浆期土壤温度表现为深松＞翻耕＞免耕＞旋耕；成熟期翻耕处理土壤温度最高，其较免耕、旋耕、深松分别高 2.3℃、2.4℃、2.1℃。

10～25cm 土层土壤温度总体表现为翻耕最高，免耕最低。同一生育时期各处理间土壤温度相差较小。同一处理，随着土层的加深，土壤温度逐渐降低，降低趋势趋于平缓。随着土层的加深，不同耕作方式对土壤温度的影响逐渐减小。

拔节期是整个生育时期土壤温度最高的时期。各处理在 0～10cm 土层对土壤温度影响较大，在 10cm 以下土层，随着土层的加深，土壤温度逐渐降低，各处理间温度变化相对平衡，且各土层间土壤温度变化趋于平缓，但总体变化趋势相同。在整个生育时期，土壤温度均为翻耕最高、免耕最低，这是由于翻耕后使土壤变得疏松多孔，土壤水分蒸发加快，受热较快。

**3. 耕作方式对土壤容重的影响**

由表 4-28 可知，不同耕作方式处理燕麦田播种前、收获后土壤容重均表现为随着土层深度的增加而增加。播种前 0～5cm 土层土壤容重表现为免耕＞旋耕＞翻耕＞深松；在 5～10cm 和 10～20cm 均为免耕＞旋耕＞深松＞翻耕；20～40cm 为旋耕＞免耕＞翻耕＞深松。收获后表层土壤容重较播前有升高的趋势，而深层土壤容重变化不大。以 0～5cm 土层为例，不同处理间土壤容重深松、翻耕和旋耕处理分别较免耕处理降低了 20.00％、16.15％和 10.00％。

表4-28　不同耕作方式对土壤容重的影响

单位：g/cm³

| 处理 | 播种前 | | | | 收获后 | | | |
|------|--------|--------|--------|--------|--------|--------|--------|--------|
| | 0～5cm | 5～10cm | 10～20cm | 20～40cm | 0～5cm | 5～10cm | 10～20cm | 20～40cm |
| 免耕 | 1.30 | 1.36 | 1.48 | 1.47 | 1.32 | 1.38 | 1.44 | 1.45 |
| 深松 | 1.04 | 1.14 | 1.26 | 1.21 | 1.29 | 1.32 | 1.38 | 1.29 |
| 旋耕 | 1.17 | 1.20 | 1.41 | 1.58 | 1.28 | 1.32 | 1.48 | 1.57 |
| 翻耕 | 1.09 | 1.13 | 1.12 | 1.33 | 1.18 | 1.25 | 1.17 | 1.40 |

### 4. 耕作方式对燕麦田土壤紧实度的影响

从图4-48中可看出，不同耕作方式对播前土壤紧实度存在较大影响，翻耕处理随着土壤层次的加深土壤紧实度逐渐变大，且0～20cm变化较平缓，而25cm后突然剧增；免耕和深松呈先升高后降低再升高的变化趋势，但转折点不相同，免耕的转折点出现在10～12.5cm，深松的转折点出现在25cm处；旋耕处理随着土层的加深一直呈升高趋势。在0～20cm土层深度时，土壤紧实度的大小顺序为免耕＞旋耕＞深松＞翻耕；在20～35cm土层，土壤紧实度的规律性不强；在35～45cm土层深度时，土壤紧实度的大小顺序为旋耕＞翻耕＞免耕＞深松。

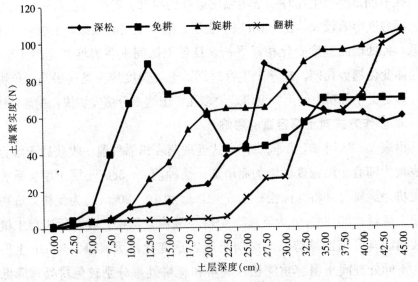

图4-48　不同耕作方式对燕麦田土壤紧实度的影响

## （二）耕作方式对燕麦田化学特性的影响

### 1. 耕作方式对燕麦田土壤有机质含量的影响

由表4-29可知，不同耕作方式对土壤有机质含量存在较大影响，在0～10cm土层土壤有机质含量为免耕＞旋耕＞深松＞翻耕，在不同土层各处理土壤有机质含量均表现为5～10cm＞0～5cm＞10～20cm＞20～40cm，5～10cm土层土壤有机质明显高于其他土层。各处理在10～20cm土层土壤有机质含量明显降低，主要是因为表层土壤有各种作物残茬还田，而深层土壤有机质主要被作物吸收而没有还田补充，因此明显低于表层土壤含量。

表4-29 不同耕作方式对燕麦田土壤有机质含量的影响

单位：g/kg

| 处理 | 土层深度（cm） | | | |
| --- | --- | --- | --- | --- |
| | 0～5 | 5～10 | 10～20 | 20～40 |
| 免耕 | 24.76 | 26.48 | 22.65 | 21.04 |
| 深松 | 22.92 | 24.88 | 21.34 | 20.22 |
| 翻耕 | 20.32 | 22.75 | 20.02 | 16.59 |
| 旋耕 | 23.78 | 25.56 | 20.46 | 17.43 |

### 2. 耕作方式对燕麦田土壤全磷含量的影响

由表4-30可知，不同耕作方式对土壤全磷含量存在较大影响，各处理土壤全磷含量均随土层加深而降低，且5～10cm土层高于其他土层。0～10cm土层，土壤全磷含量均为免耕＞深松＞翻耕＞旋耕。各处理在20～40cm土层土壤全磷含量明显降低。主要是因为表层土壤有各种作物残茬还田，而深层土壤全磷主要被作物吸收而还田补充较少，因此明显低于表层土壤含量。

表 4 - 30　不同耕作方式对播种前燕麦田土壤全磷含量的影响

单位：g/kg

| 处理 | 土层深度（cm） | | | |
|---|---|---|---|---|
| | 0～5 | 5～10 | 10～20 | 20～40 |
| 免耕 | 0.51 | 0.54 | 0.49 | 0.37 |
| 深松 | 0.50 | 0.53 | 0.47 | 0.39 |
| 翻耕 | 0.48 | 0.51 | 0.45 | 0.35 |
| 旋耕 | 0.46 | 0.49 | 0.45 | 0.37 |

**3. 耕作方式对播前燕麦田土壤全氮含量的影响**

由表 4 - 31 可知，0～20cm 土层均以翻耕处理土壤全氮含量为最高。20～40cm 土层以免耕处理土壤全氮含量最高。免耕、翻耕、旋耕处理 0～5cm 土层全氮含量高于其他土层，深松处理 5～10cm 土壤全氮含量最高。随土层加深，全氮含量免耕处理表现为先降低后升高，深松处理表现为先升高后降低，翻耕处理下表现为逐渐降低，旋耕处理下表现为先降低后升高再降低的趋势。

表 4 - 31　不同耕作方式对播种前燕麦田土壤全氮含量的影响

单位：g/kg

| 处理 | 土层深度（cm） | | | |
|---|---|---|---|---|
| | 0～5 | 5～10 | 10～20 | 20～40 |
| 免耕 | 1.687 | 1.244 | 1.195 | 1.263 |
| 深松 | 1.293 | 1.609 | 1.550 | 1.195 |
| 翻耕 | 1.771 | 1.669 | 1.530 | 1.242 |
| 旋耕 | 1.554 | 1.206 | 1.285 | 0.952 |

**4. 耕作方式对燕麦田土壤速效氮含量的影响**

由表 4 - 32 可知，0～5cm、5～10cm 土层速效氮含量以深松＞旋耕＞翻耕＞免耕；10～20cm、20～40cm 土层速效氮含量旋耕＞深松＞翻耕＞免耕。不同土层土壤速效氮含量，免耕处理表现为先降低后升高，深松处理表现为先升高后降低，翻耕处理表现为先升高后降低，旋耕处理表现为先升高后降低的趋势。

表 4 - 32 不同耕作方式对燕麦田土壤 AN 含量的影响

单位：mg/kg

| 处理 | 土层深度（cm） | | | |
| --- | --- | --- | --- | --- |
| | 0～5 | 5～10 | 10～20 | 20～40 |
| 免耕 | 13.32 | 11.40 | 5.45 | 12.12 |
| 深松 | 35.25 | 52.72 | 41.40 | 20.67 |
| 翻耕 | 21.94 | 32.50 | 35.72 | 19.89 |
| 旋耕 | 33.79 | 39.02 | 48.25 | 23.54 |

### 5. 耕作方式对燕麦田土壤速效钾含量的影响

由表 4 - 33 可知，0～40cm 土层均以旋耕土壤速效钾含量为最高。免耕、深松处理 0～5cm 土层速效钾含量高于其他土层，翻耕、旋耕土壤速效钾含量以 5～10cm 为最高。速效钾含量随土层加深，免耕、深松处理表现为逐渐降低，翻耕、旋耕处理表现为先升高后降低的趋势。

表 4 - 33 不同耕作方式对燕麦田土壤 AK 含量的影响

单位：mg/kg

| 处理 | 土层深度（cm） | | | |
| --- | --- | --- | --- | --- |
| | 0～5 | 5～10 | 10～20 | 20～40 |
| 免耕 | 140 | 120 | 110 | 85 |
| 深松 | 165 | 155 | 145 | 100 |
| 翻耕 | 165 | 215 | 165 | 85 |
| 旋耕 | 215 | 300 | 165 | 105 |

### 6. 耕作方式对燕麦田土壤速效磷含量的影响

由表 4 - 34 可知，0～5cm、5～10cm 土层速效磷含量旋耕＞翻耕＞深松＞免耕。深松、翻耕、旋耕处理 5～10cm 土层速效磷含量高于其他土层，免耕处理土壤速效磷含量以 0～5cm 土层最高。速效磷含量随土层加深，免耕处理表现为先降低后升高再降低，深松处理表现为先升高后降低，翻耕处理表现为先升高后降低，旋耕处理下表现为先升高后降低的趋势。

表 4 - 34　不同耕作方式对燕麦田土壤 AP 含量的影响

单位：mg/kg

| 处理 | 土层深度（cm） | | | |
| --- | --- | --- | --- | --- |
| | 0～5 | 5～10 | 10～20 | 20～40 |
| 免耕 | 9.59 | 7.61 | 9.34 | 2.62 |
| 深松 | 13.03 | 14.15 | 8.15 | 4.45 |
| 翻耕 | 15.19 | 19.89 | 14.76 | 4.31 |
| 旋耕 | 20.07 | 21.80 | 8.26 | 3.70 |

## （三）耕作方式对土壤酶活性的影响

### 1. 对土壤过氧化氢酶活性的影响

由图 4 - 49、图 4 - 50、图 4 - 51 可知，不同耕作方式处理，在整个生育时期不同土层土壤过氧化氢酶的活性均呈现先增加后减低的"单峰"变化趋势，峰值在孕穗期，成熟期最低。在 0～10cm、10～20cm、20～40cm 土层土壤过氧化氢酶活性均表现为免耕最高，翻耕最小。

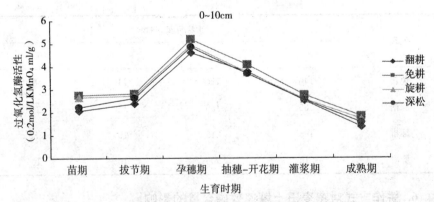

图 4 - 49　不同耕作方式对 0～10cm 土壤过氧化氢酶活性的影响

在 0～10cm 土层，免耕土壤过氧化氢酶活性整个生育时期均为最高，各时期土壤过氧化氢酶活性基本上表现为免耕＞旋耕＞深松＞翻耕，其中孕穗期各处理土壤过氧化氢酶活性均达到最大值。苗期土壤过氧化氢酶活性翻耕处理最低，其较免耕、旋耕、深松分别低 25.09%、22.85%、7.21%；孕穗期免耕土壤过氧化氢酶活性分别比旋耕、深松、翻耕高

5.16％、7.11％、12.44％；成熟期为整个生育时期土壤过氧化氢酶活性最低的时期，其中免耕土壤过氧化氢酶活性分别比旋耕、深松、翻耕高6.01％、17.81％、32.56％。

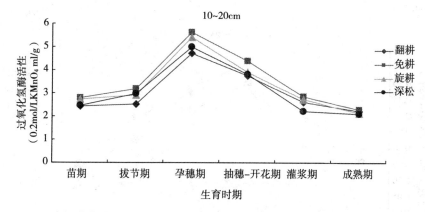

图 4-50 不同耕作方式对 10～20cm 土壤过氧化氢酶活性的影响

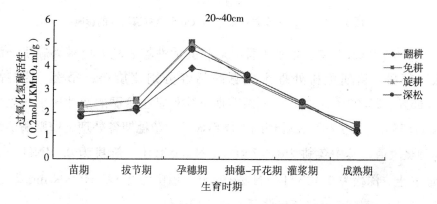

图 4-51 不同耕作方式对 20～40cm 土壤过氧化氢酶活性的影响

10～20cm 土层，总体变化趋势与 0～10cm 相同，在整个生育时期，免耕土壤过氧化氢酶活性仍为最高，苗期免耕土壤过氧化氢酶活性分别比旋耕、深松、翻耕高 2.93％、13.77％、15.64％；灌浆期免耕土壤过氧化氢酶活性分别比旋耕、深松、翻耕高 3.75％、27.67％、9.21％。

20～40cm 土层，总体变化趋势与 0～10cm、10～20cm 相同，在抽穗-开花期免耕略低于其他三个处理，分别比旋耕、深松、翻耕低6.52％、5.75％、1.99％。

**2. 耕作方式对土壤脲酶活性的影响**

如图 4-52、图 4-53、图 4-54 所示，在整个燕麦生育期，四种耕作处理的土壤脲酶活性呈大致相同的变化趋势：先升高后降低，并在孕穗期达到最大。

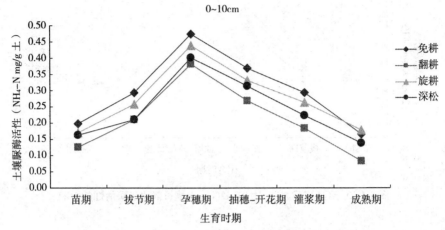

图 4-52　不同耕作方式对 0~10cm 土壤脲酶活性的影响

在 0~10cm 土层，各个生育时期脲酶活性均表现为免耕＞旋耕＞深松＞翻耕，苗期免耕处理土壤脲酶活性分别比旋耕、深松、翻耕高 17.65%、25.00%、53.85%；拔节期免耕处理土壤脲酶活性比旋耕处理高 11.54%，翻耕和深松处理间差异不显著；孕穗期各处理土壤脲酶活性均为最大值，其中免耕为 0.47NH$_4$ - N mg/g 土、旋耕为 0.44NH$_4$ - N mg/g 土、深松为 0.40NH$_4$ - N mg/g 土、翻耕为 0.38NH$_4$ - N mg/g 土；孕穗期后土壤脲酶活性逐渐降低，成熟期最低。

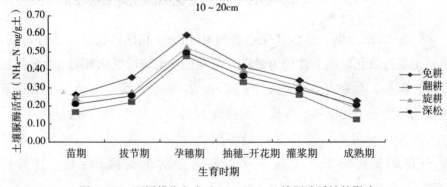

图 4-53　不同耕作方式对 10~20cm 土壤脲酶活性的影响

在 10～20cm 土层，土壤脲酶活性明显高于 0～10cm 土层。苗期免耕、旋耕、深松、翻耕处理 10～20cm 土壤脲酶活性分别比 0～10cm 高30.00％、23.78％、47.06％、31.25％。在整个生育时期免耕土壤脲酶活性仍高于其他处理，并在孕穗期达到最大，其较旋耕、深松、翻耕分别高11.32％、18.00％、22.92％。

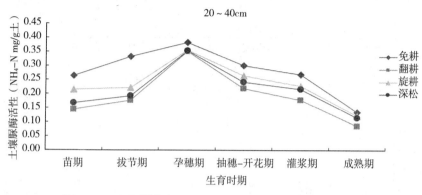

图 4-54　不同耕作方式对 20～40cm 土壤脲酶活性的影响

20～40cm 土层土壤脲酶活性变化趋势与 0～10cm、10～20cm 大致相同，均为随着生育时期的推进，土壤脲酶活性先增加后降低，各处理在各个生育时期均表现为免耕＞旋耕＞深松＞翻耕，且在孕穗期达到最大。在孕穗期各处理土壤脲酶活性相差不大。

**3. 耕作方式对土壤蔗糖酶活性的影响**

由图 4-55、图 4-56、图 4-57 可知，0～10cm、10～20cm 土层土壤蔗糖酶活性随生育期的变化趋势基本相同，均为先增加后降低趋势，在灌浆期达到最大；在 20～40cm 随生育时期的推进，土壤蔗糖酶活性呈先增加后降低再增加的趋势。

在 0～10cm 土层，免耕处理土壤蔗糖酶活性最高，各生育时期均表现为免耕＞旋耕＞深松＞翻耕；苗期免耕处理土壤蔗糖酶活性分别比旋耕、深松、翻耕高 6.07％、13.75％、24.28％；灌浆期土壤蔗糖酶活性各处理均达到最大值，其中免耕土壤蔗糖酶活性分别比旋耕、深松、翻耕高 10.84％、11.34％、18.23％。

在 10～20cm 土层，各处理间比较，仍表现为免耕＞旋耕＞深松＞翻耕，整个生育时期，免耕处理平均酶活性分别比旋耕、深松、翻耕高

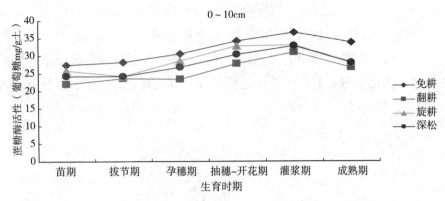

图 4-55　不同耕作方式对 0~10cm 土壤蔗糖酶活性的影响

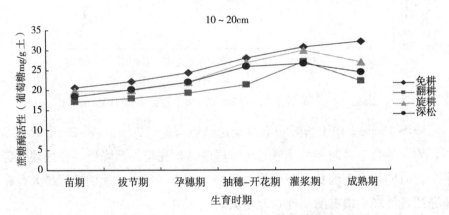

图 4-56　不同耕作方式对 10~20cm 土壤蔗糖酶活性的影响

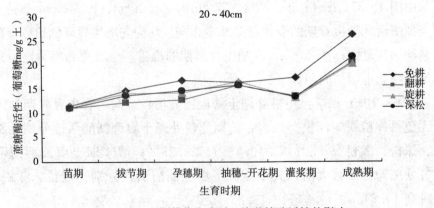

图 4-57　不同耕作方式对土壤蔗糖酶活性的影响

8.58％、15.05％、26.35％；在抽穗-开花期，旋耕土壤蔗糖酶活性较前一时期增幅较大，增幅为 23.00％，翻耕的增幅最小，为 10.00％。

在 20～40cm 土层，随生育时期的推进，各处理土壤蔗糖酶活性总体上苗期到抽穗—开花期逐渐增加，抽穗-开花期至灌浆期逐渐降低，随后又逐渐增加。成熟期较灌浆期各处理土壤蔗糖酶活性增幅均较大，最大为深松处理，增幅达 62.74％。

**4. 耕作方式对土壤碱性磷酸酶活性的影响**

图 4-58、图 4-59、图 4-60 为不同耕作方式对土壤碱性磷酸酶活性影响的情况，可以看出：四种耕作方式土壤碱性磷酸酶活性变化趋势相同，均为先降低后增加再降低变化趋势，且苗期均为土壤碱性磷酸酶活性最高的时期，成熟期为最低时期。在整个生育时期，土壤碱性磷酸酶活性

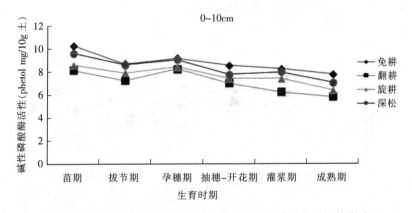

图 4-58　不同耕作方式对 0～10cm 土壤碱性磷酸酶活性的影响

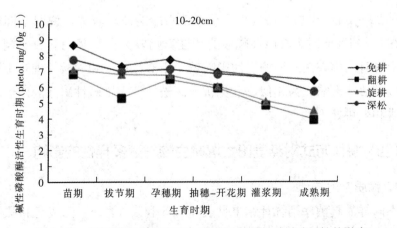

图 4-59　不同耕作方式对 10～20cm 土壤碱性磷酸酶活性的影响

表现为免耕＞旋耕＞深松＞翻耕。随着土层的加深，土壤碱性磷酸酶活性降低，各处理在0～10cm、10～20cm的变化趋势基本相同，不同耕作方式在20～40cm土层对土壤碱性磷酸酶活性的影响较大。

在0～10cm土层，各处理间相比，免耕处理在整个生育时期土壤碱性磷酸酶活性最高，苗期免耕处理土壤碱性磷酸酶活性分别比旋耕、深松、翻耕高19.21％、6.83％、25.84％；成熟期免耕土壤碱性磷酸酶分别比旋耕、深松、翻耕高21.48％、10.38％、33.59％。

在10～20cm土层土壤碱性磷酸酶活性与0～10cm土层变化趋势相同，拔节期翻耕处理土壤碱性磷酸酶活性较苗期降幅较大，降幅为21.94％；整个生育时期，免耕土壤碱性磷酸酶平均活性分别比旋耕、深松、翻耕高20.64％、6.69％、31.52％。

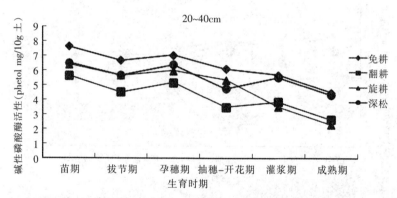

图4-60  不同耕作方式对20～40cm土壤碱性磷酸酶活性的影响

在20～40cm土层，各处理土壤碱性磷酸酶波动较大，说明不同耕作方式在20～40cm对土壤碱性磷酸酶活性影响较大；灌浆期和成熟期，翻耕和旋耕对土壤碱性磷酸酶活性影响较为相似，免耕和深松处理对土壤碱性磷酸酶活性影响较为相似，且免耕与深松处理土壤碱性磷酸酶活性均高于旋耕和翻耕处理。

## （四）耕作方式对燕麦田土壤微生物群落多样性的影响

### 1. 优质序列统计

不同样品真菌序列统计结果见表4-35和表4-36。燕麦免耕拔节期（MGB）的优质序列比例最高，为86.87％。

表 4 - 35　土壤真菌序列数统计表

| 样品 | 编号 | 有效序列 | 优质序列 | 比例 |
|---|---|---|---|---|
| 燕麦翻耕拔节期 | FGB | 18 641 | 14 640 | 78.54% |
| 燕麦免耕拔节期 | MGB | 32 344 | 28 098 | 86.87% |
| 燕麦翻耕灌浆期 | YGF | 15 904 | 12 098 | 76.07% |
| 燕麦免耕灌浆期 | YGM | 15 995 | 11 996 | 75.00% |

表 4 - 36　土壤样品细菌序列数统计表

| 样品 | 编号 | 有效序列 | 优质序列 | 比例 |
|---|---|---|---|---|
| 燕麦翻耕灌浆期 | YGF | 174 498 | 124 558 | 71.38% |
| 燕麦免耕灌浆期 | YGM | 174 593 | 133 746 | 76.60% |

注：有效序列：Index 完全匹配的序列即为有效序列；优质序列：对有效序列进行过滤和去除嵌合体之后得到的序列为优质序列。

## 2. 操作分类单元（OTU）聚类分析

土壤微生物 OTU 聚类结果见图 4 - 61 和图 4 - 62，可以看出，真菌、细菌均以免耕拔节期（MGB）种类最多。

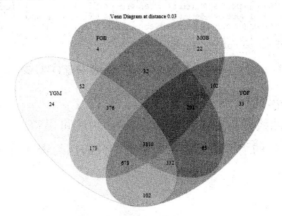

图 4 - 61　不同耕作方式对燕麦田土壤真菌 OTU 聚类图

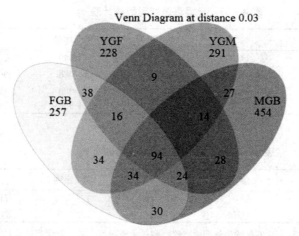

Venn Diagram at distance 0.03

The number of species in group YGM is 519
The number of species in group YGF is 451
The number of species in group MGB is 705
The number of species in group FGB is 527
The number of species shared between groups YGM and YGF is 133
The number of species shared between groups YGM and MGB is 169
The number of species shared between groups YGM and FGB is 178
The number of species shared between groups YGF and MGB is 160
The number of species shared between groups YGF and FGB is 172
The number of species shared between groups MGB and FGB is 182
The number of species shared between groups YGM, YGF and MGB is 108
The number of species shared between groups YGM, YGF and FGB is 110
The number of species shared between groups YGM, MGB and FGB is 128
The number of species shared between groups YGF, MGB and FGB is 118
The total richness of all the groups is 1578

图 4-62　不同耕作方式对燕麦田土壤细菌 OTU 聚类图

## 3. 物种丰度分析

丰度分布曲线见图 4-63 和图 4-64。由图可以得出，燕麦免耕拔节期（MGB）物种的组成最为丰富，物种组成的均匀程度最高。

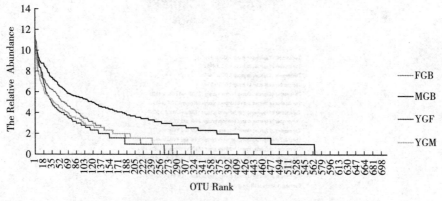

图 4-63　不同耕作方式对燕麦田土壤真菌丰度分布曲线

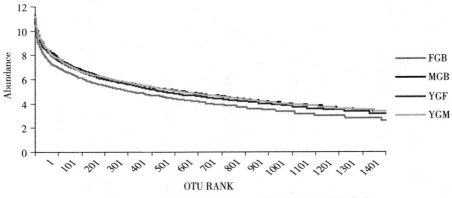

图 4 - 64　不同耕作方式对燕麦田土壤细菌丰度分布曲线

### 4. Alpha 多样性

不同耕作方式不同生育期燕麦土壤微生物多样性指数计算结果表明，免耕拔节期燕麦（MGB）的真菌群落多样性（Shannon＝6.833 56，Simpson＝0.025 436）和细菌群落多样性（Shannon＝6.932 531，Simpson＝0.002 968）为最高。灌浆期免耕燕麦（YGM）真菌群落多样性（Shannon＝3.481 208，Simpson＝0.105 341）最低，同时各个处理之间细菌群落多样性差异不显著（表 4 - 37，图 4 - 65）。

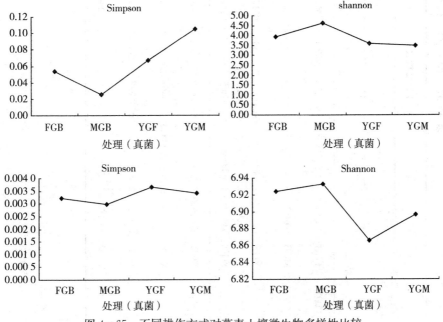

图 4 - 65　不同耕作方式对燕麦土壤微生物多样性比较

表 4-37 不同耕作方式不同生育期燕麦土壤微生物多样性指数表

| 指数<br>处理 | 丰富度指数 | | | | | | 多样性指数 | | | | | |
|---|---|---|---|---|---|---|---|---|---|---|---|---|
| | Ace | | | Chao | | | Simpson | | | Shannon | | |
| | ā | lci | hci | ā | lci | hci | ā | lci | hci | ā | lci | hci |
| **真菌** FGB | 1 336.404 | 1 212.878 | 1 482.175 | 1 002.015 | 860.010 9 | 1 204.574 | 0.054 197 | 0.052 341 | 0.056 052 | 3.924 448 | 3.894 299 | 3.954 597 |
| MGB | 810.137 8 | 780.153 8 | 852.084 5 | 819.078 7 | 779.612 1 | 879.421 3 | 0.025 436 | 0.024 775 | 0.026 097 | 4.640 128 | 4.619 661 | 4.660 595 |
| YGF | 859.664 2 | 783.626 | 953.084 7 | 670.333 3 | 601.194 6 | 771.298 5 | 0.067 132 | 0.065 008 | 0.069 257 | 3.579 557 | 3.546 386 | 3.612 728 |
| YGM | 760.148 1 | 698.307 9 | 843.315 9 | 778.531 6 | 698.380 3 | 894.496 4 | 0.105 341 | 0.101 78 | 0.108 902 | 3.481 208 | 3.441 463 | 3.520 953 |
| **细菌** FGB | 5 805.036 | 5 688.939 | 5 939.673 | 5 855.577 | 5 757.476 | 5 965.776 | 0.003 213 | 0.003 147 | 0.003 279 | 6.924 067 | 6.911 456 | 6.936 678 |
| MGB | 5 909.507 | 5 840.444 | 5 991.951 | 5 958.528 | 5 897.515 | 6 028.544 | 0.002 968 | 0.002 925 | 0.003 011 | 6.932 531 | 6.924 332 | 6.940 73 |
| YGF | 5 865.562 | 5 793.698 | 5 950.992 | 5 924.883 | 5 860.631 | 5 998.357 | 0.003 651 | 0.003 587 | 0.003 714 | 6.866 121 | 6.855 681 | 6.876 551 |
| YGM | 5 976.444 | 5 907.77 | 6 058.189 | 6 054.762 | 5 990.949 | 6 127.746 | 0.003 418 | 0.003 364 | 0.003 472 | 6.896 201 | 6.886 775 | 6.905 628 |

## 5. 群落结构分析

对 OTU 表利用 Qiime 生成不同分类水平上（门、纲、目、科、属）的物种丰度表和多样品物种分布图（表4-38、表4-39和图4-66、表4-67）。在门水平上，占优势的门主要有子囊菌门、担子菌门。在门水平上微生物的演替规律比较明显，子囊菌门在各个处理各生育时期均占优势，其中以翻耕拔节期（FGB）的物种丰度和物种组成最丰富，细菌各处理物种丰度和物种组成较为均匀。

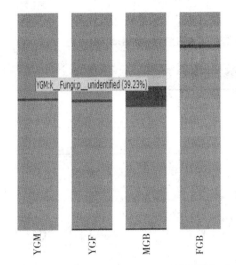

图4-66　不同耕作方式对燕麦土壤真菌分布的影响

**表4-38　不同耕作方式对燕麦土壤真菌丰度的影响**

| Total | | YGM | YGF | MGB | FGB |
|---|---|---|---|---|---|
| Count | % | % | % | % | % |
| 0 | 0.0 | 0.0 | 0.0 | 0.0 | 0.0 |
| 0 | 0.3 | 0.0 | 0.6 | 0.6 | 0.0 |
| 3 | 64.3 | 59.5 | 58.2 | 56.0 | 83.6 |
| 0 | 2.4 | 1.2 | 1.2 | 5.7 | 1.7 |
| 0 | 1.0 | 0.0 | 0.1 | 3.9 | 0.0 |
| 0 | 0.1 | 0.0 | 0.1 | 0.1 | 0.0 |
| 0 | 0.0 | 0.0 | 0.0 | 0.0 | 0.0 |
| 0 | 1.2 | 0.0 | 0.0 | 4.7 | 0.0 |
| 1 | 30.7 | 39.2 | 39.8 | 28.9 | 14.7 |

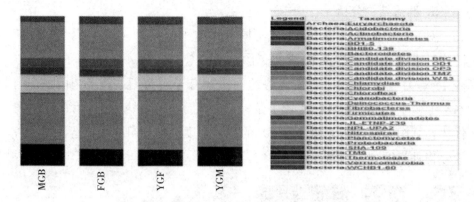

图 4 - 67　不同耕作方式对燕麦土壤细菌分布的影响

表 4 - 39　不同耕作方式对燕麦土壤细菌丰度的影响

| Total | | MGB | FGB | YGF | YGM |
|---|---|---|---|---|---|
| Count | % | % | % | % | % |
| 0 | 0.0 | 0.0 | 0.0 | 0.0 | 0.0 |
| 0 | 12.3 | 14.4 | 11.2 | 10.8 | 12.9 |
| 1 | 37.3 | 33.9 | 38.6 | 39.2 | 37.3 |
| 0 | 0.3 | 0.3 | 0.3 | 0.5 | 0.2 |
| 0 | 0.0 | 0.0 | 0.0 | 0.0 | 0.0 |
| 0 | 0.0 | 0.0 | 0.0 | 0.0 | 0.0 |
| 0 | 3.8 | 4.3 | 3.5 | 3.1 | 4.3 |
| 0 | 0.0 | 0.0 | 0.0 | 0.0 | 0.0 |
| 0 | 0.0 | 0.0 | 0.0 | 0.1 | 0.0 |
| 0 | 0.0 | 0.0 | 0.0 | 0.0 | 0.0 |
| 0 | 0.1 | 0.1 | 0.1 | 0.3 | 0.1 |
| 0 | 0.1 | 0.2 | 0.1 | 0.0 | 0.1 |
| 0 | 0.0 | 0.0 | 0.0 | 0.0 | 0.0 |

（续）

| Total | | MGB | FGB | YGF | YGM |
|---|---|---|---|---|---|
| Count | % | % | % | % | % |
| 0 | 0.1 | 0.1 | 0.1 | 0.1 | 0.1 |
| 0 | 6.3 | 6.8 | 5.6 | 6.9 | 5.8 |
| 0 | 0.1 | 0.1 | 0.1 | 0.0 | 0.1 |
| 0 | 0.0 | 0.0 | 0.0 | 0.0 | 0.0 |
| 0 | 0.0 | 0.0 | 0.0 | 0.0 | 0.0 |
| 0 | 0.5 | 0.6 | 0.5 | 0.8 | 0.3 |
| 0 | 4.2 | 4.6 | 4.5 | 3.4 | 4.2 |
| 0 | 0.0 | 0.1 | 0.1 | 0.0 | 0.0 |
| 0 | 0.0 | 0.0 | 0.0 | 0.0 | 0.0 |
| 0 | 0.6 | 0.8 | 0.6 | 0.3 | 0.6 |
| 0 | 5.7 | 5.4 | 6.4 | 5.8 | 5.0 |
| 1 | 23.5 | 24.2 | 23.2 | 23.2 | 23.4 |
| 0 | 0.0 | 0.0 | 0.0 | 0.0 | 0.0 |
| 0 | 0.0 | 0.0 | 0.0 | 0.0 | 0.0 |
| 0 | 0.0 | 0.0 | 0.0 | 0.0 | 0.0 |
| 0 | 4.9 | 4.0 | 5.2 | 5.3 | 5.1 |
| 0 | 0.0 | 0.0 | 0.0 | 0.0 | 0.0 |

## 6. 物种丰度差异分析

根据门和属两个层次上序列数的统计信息，将各物种丰度归一到同数量级，丰度为 0 的用 0.000 1 代替，用 $\log_2$（样品 1/样品 2）计算样品之间物种丰度的倍数差异。

根据美国国立生物技术信息中心（National Center for Biotechnology Information，NCBI）提供的已有微生物物种的分类学信息数据库，将该测序得到的物种丰度信息回归至数据库的分类学系统关系树中，从整个分类系统上较为全面地了解样品中土壤微生物的进化关系和丰度差异。其含进化关系的物种丰度见图 4-68 和图 4-69。

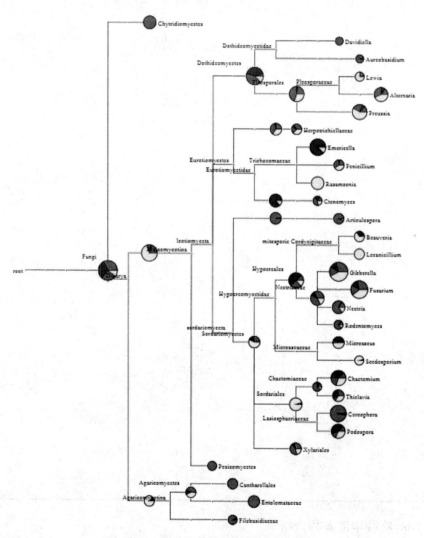

图 4-68　物种进化及丰度信息图（真菌）

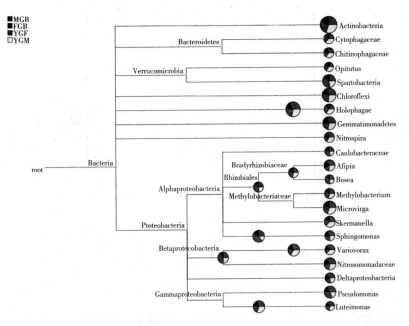

图 4-69　物种进化及丰度信息图（细菌）

## 7. 主成分分析与聚类分析

通过主成分分析（Principal Components Analysis，PCA）可以观察个体或群体间的差异。对"属"水平上的分类及物种丰度进行主成分分析，使用 R 软件绘制 PCA 散点图。（图 4-70、图 4-71）

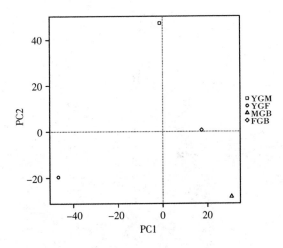

图 4-70　真菌主成分分析（PCA）图

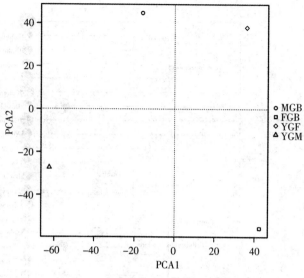

图 4-71　细菌主成分分析（PCA）图

聚类分析将高丰度和低丰度的物种分块聚集，通过颜色梯度及相似程度来反映多个样品在分类水平上群落组成的相似性和差异性。

### 8. 物种群落结构

基于物种和丰度信息，构建物种群落结构图，以反映样品中的物种和丰度分布情况，从中发现丰度较高的物种。节点的大小反映了对应物种水平的物种丰度，丰度≥1％的物种水平在图中标识（图 4-72、图 4-73）。

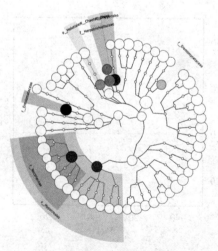

图 4-72　不同处理燕麦田真菌群落结构图

A:uncultured bacterium
B:uncultured
C:Solirubrobacter
D:uncultured bacterium
E:Balstococcus
F:Arthrobacter
G:Nocardioides
H:Microvirga
I:uncultured bacterium
J:Other

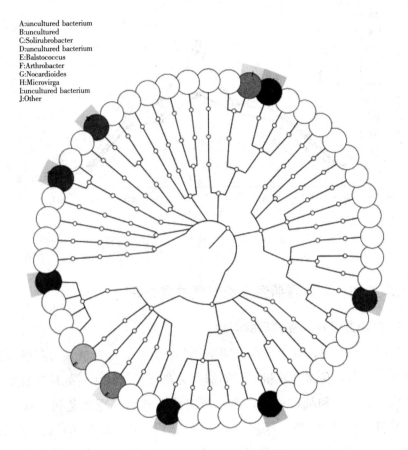

图 4-73 不同处理小麦田细菌群落结构图

## （五）耕作方式对燕麦田土壤呼吸的影响

由图 4-74 可知，免耕秸秆还田处理方式下的 $CO_2$ 排放通量随着生育时期的推进呈先增高后降低的单峰曲线变化趋势，峰值出现在 7 月 18 日前后。而其他 3 种耕作方式处理下的 $CO_2$ 排放通量呈 3 峰曲线变化趋势，峰值分别出现在 6 月 18 日、7 月 18 日和 8 月 17 日前后。4 种耕作方式下 $CO_2$ 排放通量的最大值均出现在 7 月 18 日前后。$CO_2$ 排放通量的大小顺序表现为：深松秸秆还田（DTS）＞翻耕秸秆还田（CTS）＞旋耕秸秆还田（RTS）＞免耕秸秆还田（NTS）。

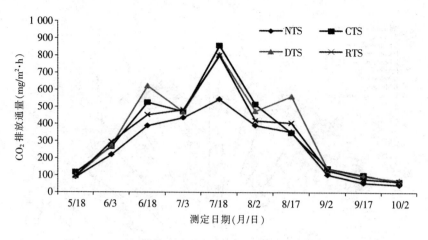

图 4-74　不同耕作方式对燕麦田土壤 $CO_2$ 排放通量的影响

## （六）耕作方式对燕麦生长发育进程的影响

### 1. 耕作方式对燕麦株高的影响

从图 4-75 可以看出，在苗期不同耕作方式，深松处理与翻耕处理株高无显著差异，免耕与旋耕处理间株高无显著差异，免耕处理与旋耕处理株高均高于深松和翻耕处理；在拔节期燕麦株高表现为免耕＞深松＞旋耕＞翻耕，免耕处理比深松、翻耕、旋耕分别高 14.01％、29.37％、15.58％；在孕穗期旋耕最高，比免耕、翻耕、深松分别高 2.30cm、5.98cm、6.38cm，抽穗—开花期则均表现为免耕＞旋耕＞翻耕＞深松，且分别比旋耕、翻耕、深松高 4.02％、14.25％、27.71％；灌浆期和成熟期则表现为旋耕＞免耕＞深松＞翻耕。

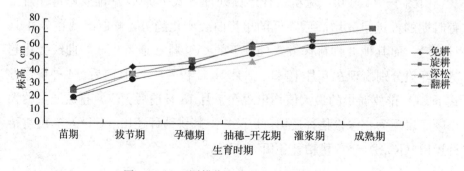

图 4-75　不同耕作方式对燕麦株高的影响

## 2. 耕作方式对燕麦叶面积的影响

由图 4-76 可以得出，不同耕作方式下燕麦的单株叶面积在整个生育时期呈现出先上升后下降的趋势，在苗期，免耕的单株叶面积最大，翻耕最小，免耕较旋耕、深松、翻耕处理分别高 10.43%、38.46%、44.58%；拔节期叶面积指数表现为免耕＞深松＞旋耕＞翻耕，免耕与深松处理间单株叶面积指数无明显差异；孕穗期免耕处理的单株叶面积最大，分别较旋耕、深松、翻耕高 9.42%、25.58%、13.68%；在抽穗-开花期时单株叶面积指数达到最大，其中免耕最高，比旋耕、深松、翻耕分别高 9.03%、40.34%、13.01%；灌浆期叶面积指数表现为旋耕＞翻耕＞深松＞免耕，燕麦逐渐成熟，叶片开始枯萎，叶面积指数下降。

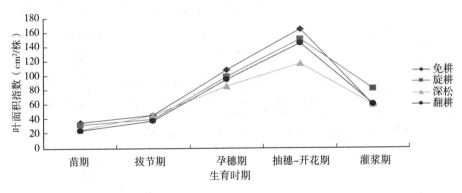

图 4-76　不同耕作方式对燕麦单株叶面积的影响

## 3. 耕作方式对燕麦鲜重的影响

从图 4-77 所示可以得出，不同耕作方式下燕麦单株鲜重总体上呈逐渐增加的趋势，苗期单株鲜重表现为旋耕＞免耕＞深松＞翻耕；拔节期则表现为免耕＞旋耕＞深松＞翻耕；孕穗期燕麦单株鲜重表现为免耕＞深松＞旋耕＞翻耕，且免耕较深松、旋耕、翻耕高 21.45%、38.56%、45.80%；抽穗-开花期燕麦单株鲜重免耕与旋耕处理无显著差异，且均高于深松和翻耕。灌浆期燕麦单株鲜重表现为免耕＞深松＞旋耕＞翻耕；成熟期免耕单株叶面积指数最大，分别比旋耕、深松、翻耕高 5.35%、55.53%、24.33%。

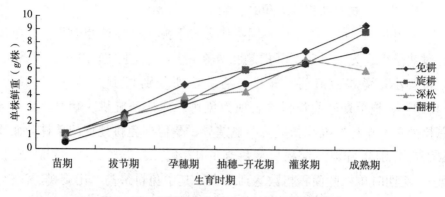

图4-77　不同耕作方式对燕麦单株鲜重的影响

**4. 耕作方式对燕麦干重的影响**

不同耕作方式燕麦单株干重如图4-78所示，随着生育时期的逐渐推进，单株干重逐渐增加，在苗期各处理间单株干重差异不显著，拔节期表现为免耕＞旋耕＞深松＞翻耕，且免耕燕麦植株干重分别比旋耕、深松、翻耕高30.43％、36.36％、50.00％；孕穗期免耕和深松处理间无明显差异，均高于旋耕和翻耕处理；抽穗-开花期及灌浆期均表现为旋耕＞免耕＞翻耕＞深松；成熟期免耕处理单株干重最大，为3.25g/株，较翻耕、旋耕、深松分别高0.29g/株、0.08g/株、0.24g/株。

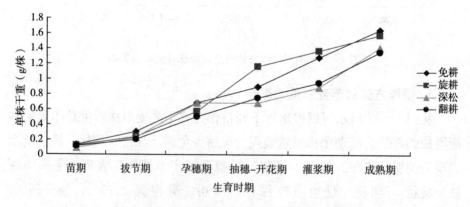

图4-78　不同耕作方式对燕麦单株干重的影响

**5. 耕作方式对燕麦产量性状的影响**

对燕麦产量性状进行分析如表4-40所示，燕麦株高大小顺序为旋耕＞免耕＞翻耕＞深松；燕麦穗长以免耕最长，分别比旋耕、深松、翻耕长 1.67cm、1.23cm、1.94cm；轮层数免耕最多，翻耕最少，旋耕与深松处理处于两者之间；小穗数则表现为免耕最大，其较旋耕、深松、翻耕处理分别高 25.00%、23.19%、19.72%；四种处理燕麦的单株重、穗粒数均表现为免耕＞旋耕＞深松＞翻耕；单株穗重表现为免耕＞深松＞翻耕＞旋耕，且免耕与旋耕、免耕与深松、免耕与翻耕均存在显著性差异（P＜0.05）；免耕燕麦单株粒重和千粒重最高，其中免耕单株粒重较旋耕、深松、翻耕分别高 7.69%、3.70%、21.74%，免耕千粒重较旋耕、深松、翻耕分别高 5.7%、6.51%、8.87%。除免耕、旋耕、深松燕麦单株粒重与翻耕存在显著差异（P＜0.05），其余各处理间均无差异。

表 4-40　不同耕作方式对燕麦产量性状的影响

| 处理 | 株高<br>(cm) | 穗长<br>(cm) | 轮层数<br>(个) | 小穗数<br>(个) | 穗粒数<br>(粒) | 单株重<br>(g) | 单株穗重<br>(g) | 单株粒重<br>(g) | 千粒重<br>(g) |
|---|---|---|---|---|---|---|---|---|---|
| 免耕 | 66.40 | 15.99 | 4.90 | 8.50 | 20.60 | 1.65 | 0.682 0a | 0.28a | 16.70a |
| 旋耕 | 73.84 | 14.32 | 3.30 | 6.80 | 20.10 | 1.57 | 0.457 0b | 0.26a | 15.80a |
| 深松 | 63.22 | 14.76 | 3.30 | 6.90 | 19.80 | 1.41 | 0.520 0b | 0.27a | 15.68a |
| 翻耕 | 65.04 | 14.05 | 3.10 | 7.10 | 17.40 | 1.35 | 0.476 0b | 0.23b | 15.34a |

注：a、b 表示不同处理间在 P＜0.05 水平下显著。

## 6. 耕作方式对燕麦产量及经济系数的影响

田间测产结果见表 4-41，免耕处理的经济产量最大，为 790.40kg/hm²，其次是旋耕处理，为 735.29kg/hm²，第三是深松处理，为 708.59kg/hm²，翻耕最小，为 692.06kg/hm²，免耕与旋耕、免耕与深松、旋耕与深松均无显著性差异，免耕与翻耕存在显著差异（P＜0.05）。免耕生物产量为 2916.46 kg/hm²，分别比旋耕、深松、翻耕高 1.98%、11.78%、9.97%，各处理间生物产量及经济系数均无显著差异。

表 4-41　不同耕作方式对燕麦产量及经济系数的影响

| 处理 | 经济产量（kg/hm²） | 生物产量（kg/hm²） | 经济系数 |
|---|---|---|---|
| 免耕 | 790.40a | 2 916.46a | 0.27a |
| 旋耕 | 735.29ab | 2 859.74a | 0.26a |
| 深松 | 708.59ab | 2 609.09a | 0.27a |
| 翻耕 | 692.06b | 2 651.98a | 0.26a |

注：a、b 表示不同处理间在 P＜0.05 水平下显著。

# 第二节 农牧交错区弃耕地生态保育
# 机制及关键技术研究

## 一、弃耕地生物群落演替及植被恢复关键技术研究

### （一）不同植被恢复措施对弃耕地植物群落和土壤理化性质的影响研究

#### 1. 不同植被恢复措施对弃耕地植物群落的影响

在四子王旗和武川县共选择了 11 种植被恢复类型的弃耕地，分别是四子王旗乌兰牧场条状种植中间锦鸡儿、忽鸡图乡麻黄洼 2001 年弃耕按条状种植中间锦鸡儿，中间锦鸡儿带中种植沙打旺、苜蓿和草木樨共 4 种类型，在武川县上秃亥乡三间房选择了 2004 年弃耕种植了沙棘、山杏、中间锦鸡儿、苜蓿、羊草、冰草和自然撂荒 7 种类型。

表 4-42 不同植被恢复类型弃耕地的物种组成

| 地名 | 植被恢复类型 | 海拔(m) | 经纬度(度-分-秒) | 物种组成（按重要值由大到小排列） |
|---|---|---|---|---|
| 四子王旗 | 中间锦鸡儿 | 1591 | 112-07-40.49 (E)<br>41-43-19.82 (N) | 短花针茅、栌叶蒿、阿尔泰狗娃花、大籽蒿、细叶远志、克氏针茅、细叶葱、黄蒿、乳白花黄芪、糙叶黄芪、（10 种） |
| | 中间锦鸡儿+沙打旺 | 1520 | 111-46-39.4 (E)<br>41-39-19.2 (N) | 栌叶蒿、狗尾草、画眉草、克氏针茅、阿尔泰狗娃花、达乌里胡枝子、虫实、无芒隐子草、猪毛菜、蒺藜豆、短花针茅、冰草、细叶葱、山苦荬、刺穗藜、田旋花、地锦、黄蒿、藜、冠芒草、牻牛儿苗、刺沙蓬、益母草、鹤虱（24 种） |
| | 中间锦鸡儿+苜蓿 | 1495 | 111-47-19.8 (E)<br>41-39-24.8 (N) | 画眉草、短花针茅、栌叶蒿、冠芒草、克氏针茅、阿尔泰狗娃花、赖草、无芒隐子草、狗尾草、山苦荬、猪毛菜、独行菜、糙隐子草、糙叶黄芪、虫实、蒺藜、地锦、藜、刺沙蓬（19 种） |

（续）

| 地名 | 植被恢复类型 | 海拔<br>（m） | 经纬度<br>（度-分-秒） | 物种组成（按重要值由大到小排列） |
|---|---|---|---|---|
| 四子王旗 | 中间锦鸡儿＋草木樨 | 1508 | 41-39-37.1（E）<br>111-46-28.9（N） | 栉叶蒿、画眉草、刺沙蓬、阿尔泰狗娃花、虫实、蒲公英、狗尾草、藜、赖草、短花针茅、刺穗藜、苣苣菜、猪毛菜、牻牛儿苗、山苦荬、黄蒿、地锦、鹤虱、（18种） |
| 武川县 | 弃耕沙棘 | 1596 | 111-18-13.9（E）<br>41-08-6.6（N） | 克氏针茅、阿尔泰狗娃花、黄蒿、冰草、赖草、蒺藜豆、羊草、苣苣菜、二裂叶委陵菜、栉叶蒿、牻牛儿苗、山苦荬、麻花头、田旋花（14种） |
| | 弃耕山杏 | 1594 | 111-18-13.6（E）<br>41-08-26.21（N） | 黄蒿、克氏针茅、阿尔泰狗娃花、山苦荬、牻牛儿苗、赖草、栉叶蒿、田旋花、苣苣菜（9种） |
| | 弃耕中间锦鸡儿 | 1594 | 111-18-13.3（E）<br>41-08-26.9（N） | 黄蒿、阿尔泰狗娃花、二裂叶委陵菜、短花针茅、赖草、克氏针茅、山苦荬、栉叶蒿、刺穗藜、苣苣菜、牻牛儿苗、田旋花、狗尾草、地锦（14种） |
| | 弃耕苜蓿 | 1592 | 111-18-12.9（E）<br>41-08-25.2（N） | 克氏针茅、黄蒿、苜蓿、阿尔泰狗娃花、二裂叶委陵菜、麻花头、田旋花、牻牛儿苗、糙隐子草、山苦荬、栉叶蒿、苣苣菜、益母草、荞麦（14种） |
| | 弃耕羊草 | 1592 | 111-18-12.4（E）<br>41-08-24.6（N） | 羊草、阿尔泰狗娃花、冰草、黄蒿、麻花头（5种） |
| | 弃耕冰草 | 1592 | 111-18-11.6（E）<br>41-08-23.9（N） | 黄蒿、冰草、阿尔泰狗娃花、栉叶蒿、苣苣菜、草地风毛菊、牻牛儿苗、麻花头（8种） |
| | 2004年自然撂荒 | 1593 | 111-18-11.2（E）<br>41-08-23.1（N） | 苣苣菜、克氏针茅、黄蒿、阿尔泰狗娃花、牻牛儿苗、山苦荬、栉叶蒿、风毛菊、草地风毛菊、刺穗藜、地锦、田旋花（12种） |

由表4-42可知，在四子王旗弃耕恢复类型中物种数最多的是中间锦

鸡儿＋沙打旺类型，共有 24 个物种，物种最少的是中间锦鸡儿类型，为 10 种，主要差异体现在一、二年生草本植物物种上（表 4－44），其他 2 种类型苜蓿和草木樨物种数量相似，物种数在 18 种左右。从植被群落分布看中间锦鸡儿恢复类型是以多年生丛生禾草短花针茅为优势种，群落高度、盖度和生物量都为最高（表 4－43），分别为 6 cm、11％、37 g/m²，但 Sinpson 多样性指数最低，为 0.73，此类型也是最接近邻近天然草原类型的一种。其余 3 种类型基本相似，植被群落分布以一、二年生草本植物栉叶蒿、画眉草、狗尾草为优势种，群落高度、盖度、生物量和 Sinpson 多样性指数都相似，分别为 3 cm、6％、20 g/m²、0.9 左右。

在武川县，山杏、羊草、冰草物种数相似，均为 8 种左右，多年生草本与一、二年生草本所占比例相似，各为 6 种和 2 种左右；其他 4 种类型物种数相似，为 14 种左右，沙棘和苜蓿的多年生草本多一些，为 11 种左右，中间锦鸡儿和自然撂荒的一、二年生草本多一些，基本为 4 种左右。苜蓿类型的群落高度、盖度、生物量最高，分别为 50 cm、34％、286 g/m²，羊草次之，分别为 30 cm、26％、237 g/m²，沙棘和自然撂荒类型相似，分别为 25 cm、25％、180 g/m² 左右，最低的是山杏和中间锦鸡儿类型，分别在 20 cm、15％、70 g/m² 左右，羊草类型的 Sinpson 多样性指数最低，为 0.41，最高的是沙棘和苜蓿类型，为 0.88，其他类型在 0.77～0.84。

四子王旗荒漠草原农牧交错带的地带性植被类型为短花针茅和克氏针茅的共建群落，本研究结果显示，在四子王旗荒漠草原弃耕地的恢复措施中，从草本群落的物种组成来讲，行带式种植中间锦鸡儿有利于植被的恢复，恢复到以多年生禾草短花针茅和一、二年生草本栉叶蒿为共优势种的群落；从群落的数量特征来看，行带式种植中间锦鸡儿的草本群落在盖度和生物量上都优于其他 4 种类型，虽然它们的 Shannon-wiener 指数、Margalef 丰富度指数、PieLou 均匀性指数表现为最低，但综合来看在四子王旗这 5 种恢复措施中行带式种植中间锦鸡儿更有利于弃耕地草本群落的稳定和向原生群落演替。中间锦鸡儿＋沙打旺、中间锦鸡儿＋苜蓿、中间锦鸡儿＋草木樨类型对草本群落的恢复除了在丰富多样性指数方面占优势外，在群落演替和盖度、生物量方面并没有表现出优于中间锦鸡儿类型，可能是因为这 3 种类型中的中间锦鸡儿密度和个体较大，影响了草本植物对水分和养分的获取。有研究表明，在荒漠草原中，过密的种植中间锦鸡儿将会降低群落的土壤水分和养分含量，从而影响减少草本群落的物种组成和降低植物个体大小。此外这 3 种灌-草结合的恢复类型，在恢复到现阶段草本群落中并没有发现沙打旺、苜蓿和草木樨，也没有促进植物群落的恢复演替，这可能是因为四子王旗较为干旱，依靠自然降水沙打旺、苜蓿、草木樨并不能很好的存活。

表 4 - 43　不同植被恢复类型弃耕地植物群落的数量特征

| 地点 | 植被恢复类型 | 物种数（个） | | 群落高度（cm） | 盖度（%） | 生物量（g/m²） | Sinpson 指数 |
| --- | --- | --- | --- | --- | --- | --- | --- |
| | | 多年生草本 | 一、二年生草本 | | | | |
| 四子王旗 | 中间锦鸡儿 | 7 | 3 | 6 | 11 | 37 | 0.73 |
| | 中间锦鸡儿＋沙打旺 | 13 | 11 | 3 | 5 | 17 | 0.9 |
| | 中间锦鸡儿＋苜蓿 | 9 | 10 | 4 | 6 | 23 | 0.89 |
| | 中间锦鸡儿＋草木樨 | 8 | 10 | 2 | 6 | 21 | 0.88 |
| 武川县 | 沙棘 | 12 | 2 | 20 | 26 | 180 | 0.88 |
| | 山杏 | 7 | 2 | 25 | 15 | 83 | 0.83 |
| | 中间锦鸡儿 | 9 | 5 | 15 | 15 | 66 | 0.87 |
| | 苜蓿 | 11 | 3 | 50 | 34 | 286 | 0.78 |
| | 羊草 | 4 | 1 | 30 | 26 | 237 | 0.41 |
| | 冰草 | 6 | 2 | 30 | 19 | 100 | 0.77 |
| | 自然撂荒 | 8 | 4 | 30 | 25 | 179 | 0.84 |

　　武川县农牧交错带的地带性植被类型同样为克氏针茅和短花针茅的共建群落，本调查结果显示，沙棘和苜蓿类型群落的物种组成以克氏针茅为优势种，苜蓿类型的盖度和生物量最高，Shannon-wiener 指数、Margalef 丰富度指数在所实施的恢复措施中居中，沙棘类型盖度和生物量居中，Shannon-wiener 指数、Margalef 丰富度指数、Pielou 均匀度指数最高。综合来看，武川县沙棘和苜蓿类型有利于弃耕地的草本群落的恢复，山杏类型可能是因为小乔木山杏对水分和养分需求大，以及其遮阴作用影响了草本植物的生长，中间锦鸡儿类型是因为过密的种植影响了草本群落的发育和演替，苜蓿是豆科植物具有固氮效应，改善了土壤资源，促进弃耕地植

物群落的恢复和演替。羊草和冰草可能是因为其繁殖能力较强，通过资源的竞争抑制了地带性植物克氏针茅的发育和生长。

**2. 不同植被恢复类型弃耕地植物群落盖度和生物量在不同月份变化**

由表 4-44 可知，四子王旗的中间锦鸡儿＋沙打旺类型 7 月下旬和 8 月下旬的盖度分别为 9％和 6％，生物量分别为 41g/m² 和 22 g/m²，因此从 7 月下旬到 8 月下旬，中间锦鸡儿＋沙打旺类型盖度和生物量呈现降低趋势。而其他 3 种类型的盖度和生物量均呈增加趋势，如中间锦鸡儿 7 月下旬和 8 月下旬的盖度分别为 10％和 12.5％，生物量分别为 32g/m² 和 44 g/m²；中间锦鸡儿＋苜蓿 7 月下旬和 8 月下旬的盖度分别为 6％和 7％，生物量分别为 16g/m² 和 34 g/m²；中间锦鸡儿＋草木樨 7 月下旬和 8 月下旬的盖度分别为 4％和 9％，生物量分别为 15g/m² 和 30 g/m²。由于四子王旗 4 种植被类型均在放牧干扰条件下恢复，而且 7 月份干旱严重，到底哪一种因素影响所致有待于进一步监测验证。

在武川县调查的各种类型均在围栏保护下恢复，由于 7 月下旬未对羊草、冰草和自然撂荒 3 种类型展开调查，因此只分析沙棘、山杏、中间锦鸡儿、苜蓿的盖度和生物量变化，其中沙棘、山杏、中间锦鸡儿 3 种类型只进行样方中草本植物的监测。从表 4-45 结果看，沙棘、山杏、中间锦鸡儿和苜蓿 4 种类型 7 月下旬的盖度分别为 36％、19％、21％和 41％，生物量分别为 210g/m²、106 g/m²、70g/m² 和 306 g/m²；8 月下旬的盖度分别为 19％、11％、9％和 28％，生物量分别为 151g/m²、59 g/m²、63g/m² 和 267 g/m²，由此看出，4 种类型盖度和生物量由 7 月到 8 月均呈降低趋势，基本上苜蓿的盖度和生物量最高，中间锦鸡儿的盖度和生物量最低，忽略 7 月下旬山杏盖度值外，不同类型盖度和生物量大小顺序表现为苜蓿＞沙棘＞山杏＞中间锦鸡儿。8 月下旬增加了羊草、冰草和自然撂荒 3 种类型，从表 4-45 看，沙棘、山杏、中间锦鸡儿、苜蓿、羊草、冰草和自然撂荒的盖度分别为 19％、11％、9％、28％、26％、19％和 25％，对应生物量为 151g/m²、59 g/m²、63g/m²、267g/m²、237g/m²、100g/m² 和 179 g/m²，3 种灌木恢复类型的植被样方盖度和生物量大小趋势不一致，其他 4 种类型的盖度和生物量均表现为苜蓿＞羊草＞自然撂荒＞冰草。

**表 4-44　不同月份里不同植被恢复类型弃耕地植物群落的盖度和生物量**

| 地点 | 植被恢复类型 | 盖度（%） | | 生物量（g/m²） | |
|---|---|---|---|---|---|
| | | 7月 | 8月 | 7月 | 8月 |
| 四子王旗 | 中间锦鸡儿 | 10aA | 12.5aA | 32bB | 44aA |
| | 中间锦鸡儿＋沙打旺 | 9bB | 6bB | 41aA | 22dD |
| | 中间锦鸡儿＋苜蓿 | 6cC | 7cC | 16cC | 34bB |
| | 中间锦鸡儿＋草木樨 | 4dD | 9dD | 15dC | 30cC |
| 武川县 | 沙棘 | 36bB | 19dD | 210bB | 151dD |
| | 山杏 | 19dD | 11eE | 106cC | 59fF |
| | 中间锦鸡儿 | 21cC | 9fF | 70dD | 63fF |
| | 苜蓿 | 41aA | 28aA | 306aA | 267aA |
| | 羊草 | — | 26bB | — | 237bB |
| | 冰草 | — | 19dD | — | 100eE |
| | 自然撂荒 | — | 25cC | — | 179cC |

注：a、b、c、d 表示不同处理间在 $P<0.05$ 水平下显著；A、B、C、D 表示不同处理间在 $P<0.01$ 水平下极显著。

### 3. 不同植被类型弃耕地土壤物理性状变化

从四子王旗 7 月下旬调查样点 0～40cm 分层土壤水分、容重和紧实度的监测结果看（表 4-46），由于 7 月份干旱程度较重，土壤含水率较低，0～40cm 土壤贮水量不及 20mm，人工锦鸡儿灌丛化针茅草原、中间锦鸡儿带中弃耕沙打旺、中间锦鸡儿带中弃耕苜蓿和中间锦鸡儿带中弃耕草木樨土壤贮水量分别为 15.10mm、8.46mm、5.63mm 和 6.26mm，4 种植被类型土壤贮水量大小顺序为针茅草原＞沙打旺＞草木樨＞苜蓿；人工锦鸡儿灌丛化针茅草原、中间锦鸡儿带中弃耕沙打旺、中间锦鸡儿带中弃耕苜蓿和中间锦鸡儿带中弃耕草木樨土壤分层容重平均值分别为 1.60g/cm³、1.67g/cm³、1.67g/cm³ 和 1.71g/cm³，表现为苜蓿＞草木樨＝沙打旺＞针茅草原；人工锦鸡儿灌丛化针茅草原、中间锦鸡儿带中弃耕沙打旺、中间锦鸡儿带中弃耕苜蓿和中间锦鸡儿带中弃耕草木樨土壤分层紧实度平均值分别为 90N/m²、196N/m²、192N/m² 和 154N/m²，表现为沙打旺＞苜蓿＞草木樨＞人工针茅草原。四子王旗 8 月下旬由于降水增加，土壤水分比 7 月下旬高，调查结果显示人工锦鸡儿灌丛化针茅草原、中间锦鸡儿带中弃耕沙打旺、中间锦鸡儿带中弃耕苜蓿和中间锦鸡儿带中弃耕草木樨土壤贮水量分别为 27.84mm、32.00mm、27.19mm 和 30.19mm，4 种植被类型变化趋势与 7 月稍有不同，但仍然为沙打旺最高，但苜蓿贮水量增加，4 种植被类型土壤贮水量大小顺序为沙打旺＞苜蓿＞针茅草原＞草木樨；人工锦鸡儿灌丛化针茅草原、中间锦鸡儿带中弃耕沙打旺、中间锦鸡儿带中弃耕苜蓿和中间锦鸡儿带中弃耕草木樨土壤分层容重平均值分别为 1.57g/cm³、1.70g/cm³、1.72g/cm³ 和 1.80g/cm³，表现为草木樨＞苜蓿＞针茅草原＞沙打旺；人工锦鸡儿灌丛化针茅草原、中间锦鸡儿带中弃耕沙打旺、中间锦鸡儿带中弃耕苜蓿和中间锦鸡儿带中弃耕草木樨土壤分层紧实度平均值分别为 118N/m²、124N/m²、130N/m² 和 122N/m²，表现为苜蓿＞沙打旺＞草木樨＞人工针茅草原。

从武川县 7 月下旬调查样点 0～40cm 分层土壤水分、容重和紧实度的监测结果看（表 4-45），0～40cm 土壤贮水量也很低，不及 10mm，弃耕沙棘、山杏、中间锦鸡儿、苜蓿的土壤贮水量分别为 7.54mm、7.09mm、6.39mm 和 8.49mm，4 种植被类型土壤贮水量大小顺序为苜蓿＞沙棘＞中间锦鸡儿＞山杏；弃耕沙棘、山杏、中间锦鸡儿、苜蓿土壤分层容重平均值分别为 1.64g/cm³、1.63g/cm³、1.62g/cm³ 和 1.60g/cm³，表现为沙棘＞山杏＞中间锦鸡儿＞苜蓿，但差异不大；耕沙棘、山杏、中间锦鸡儿、苜蓿土壤分层紧实度平均值分别为 121N/m²、147N/m²、138N/m² 和 174N/m²，表现为苜蓿＞山杏＞中间锦鸡儿＞沙棘。武川县 8 月下旬由于降水增加，土壤水分比 7 月下旬高，调查类型由 7 月下旬 4 种增加为 7 种，调查结果显示弃耕沙棘、山杏、中间锦鸡儿、苜蓿、羊草、冰草和自然撂荒土壤贮水量分别为 21.62mm、21.22mm、22.76mm、24.81mm、25.52mm、23.80mm 和 25.52mm，7 种植被类型变化趋势与 7 月份稍有不同，土壤贮水量大小顺序为自然撂荒＝羊草＞苜蓿＞冰草＞中间锦鸡儿＞沙棘＞山杏；7 种植被类型土壤分层容重平均值分别为 1.66g/cm³、1.68g/cm³、1.64g/cm³、1.62g/cm³、1.60g/cm³、1.64g/cm³ 和 1.57g/cm³，表现为自然撂荒＜羊草＜苜蓿＜冰草＜中间锦鸡儿＜沙棘＜山杏；7 种植被类型土壤分层紧实度平均值分别为 121N/m²、113N/m²、133N/m²、102N/m²、118N/m²、102N/m² 和 129N/m²，表现为中间锦鸡儿＞自然撂荒＞沙棘＞羊草＞山杏＞冰草＝苜蓿。

表 4－45　不同植被类型弃耕地土壤物理性状变化

| 调查地点 | 植被类型 | 层次 (cm) | 7月下旬 | | | | 8月下旬 | | | |
|---|---|---|---|---|---|---|---|---|---|---|
| | | | 水分 (%) | 容重 (g/cm³) | 贮水量 (mm) | 紧实度 (N/m²) | 水分 (%) | 容重 (g/cm³) | 贮水量 (mm) | 紧实度 (N/m²) |
| 四子王旗 | 人工锦鸡儿灌丛化针茅草原 | 0～10 | 1.44 | 1.55 | 15.10aA | 51 | 6.48 | 1.55 | 27.84cC | 30 |
| | | 10～20 | 1.68 | 1.58 | | 80 | 4.00 | 1.54 | | 93 |
| | | 20～30 | 1.57 | 1.60 | | 116 | 3.24 | 1.56 | | 167 |
| | | 30～40 | 4.24 | 1.66 | | 114 | 4.06 | 1.62 | | 170 |
| | 中间锦鸡儿带中弃耕沙打旺 | 0～10 | 0.73 | 1.61 | 8.46bB | 163 | 7.29 | 1.67 | 32.00aA | 77 |
| | | 10～20 | 2.17 | 1.61 | | 177 | 5.33 | 1.71 | | 107 |
| | | 20～30 | 1.38 | 1.69 | | 220 | 3.4 | 1.71 | | 153 |
| | | 30～40 | 1.02 | 1.75 | | 223 | 2.85 | 1.72 | | 160 |
| | 中间锦鸡儿带中弃耕苜蓿 | 0～10 | 0.82 | 1.66 | 5.63cC | 130 | 6.19 | 1.69 | 27.19cC | 60 |
| | | 10～20 | 0.75 | 1.65 | | 190 | 4.11 | 1.71 | | 153 |
| | | 20～30 | 1.04 | 1.65 | | 223 | 2.55 | 1.71 | | 153 |
| | | 30～40 | 0.77 | 1.71 | | 223 | 2.31 | 1.75 | | 153 |
| | 中间锦鸡儿带中弃耕草木樨 | 0～10 | 0.9 | 1.62 | 6.26dD | 130 | 7.1 | 1.79 | 30.19bB | 43 |
| | | 10～20 | 0.82 | 1.7 | | 147 | 5.33 | 1.79 | | 123 |
| | | 20～30 | 0.91 | 1.76 | | 183 | 2.83 | 1.80 | | 160 |
| | | 30～40 | 1.03 | 1.75 | | 157 | 2.42 | 1.80 | | 160 |
| 武川县 | 弃耕沙棘 | 0～10 | 1.05 | 1.59 | 7.54bB | 60 | 4.94 | 1.64 | 21.62eD | 26 |
| | | 10～20 | 0.98 | 1.63 | | 80 | 3.36 | 1.65 | | 150 |
| | | 20～30 | 1.48 | 1.68 | | 160 | 2.67 | 1.67 | | 153 |
| | | 30～40 | 1.14 | 1.67 | | 183 | 2.12 | 1.66 | | 153 |
| | 弃耕山杏 | 0～10 | 0.90 | 1.59 | 7.09cC | 83 | 4.61 | 1.62 | 21.22eD | 13 |
| | | 10～20 | 1.19 | 1.63 | | 143 | 3.82 | 1.69 | | 57 |
| | | 20～30 | 1.28 | 1.64 | | 170 | 2.15 | 1.69 | | 187 |
| | | 30～40 | 0.99 | 1.64 | | 193 | 2.14 | 1.71 | | 193 |
| | 弃耕中间锦鸡儿 | 0～10 | 1.03 | 1.58 | 6.39dD | 47 | 5.24 | 1.56 | 22.76dC | 17 |
| | | 10～20 | 0.98 | 1.61 | | 117 | 3.97 | 1.59 | | 87 |
| | | 20～30 | 1.02 | 1.65 | | 173 | 2.38 | 1.66 | | 200 |
| | | 30～40 | 0.98 | 1.63 | | 213 | 2.47 | 1.75 | | 227 |

（续）

| 调查地点 | 植被类型 | 层次(cm) | 7月下旬 | | | | 8月下旬 | | | |
|---|---|---|---|---|---|---|---|---|---|---|
| | | | 水分(%) | 容重(g/cm³) | 贮水量(mm) | 紧实度(N/m²) | 水分(%) | 容重(g/cm³) | 贮水量(mm) | 紧实度(N/m²) |
| 武川县 | 弃耕苜蓿 | 0~10 | 1.14 | 1.57 | 8.49aA | 77 | 5.47 | 1.56 | 24.81bA | 33 |
| | | 10~20 | 1.36 | 1.59 | | 153 | 4.73 | 1.56 | | 80 |
| | | 20~30 | 1.47 | 1.60 | | 233 | 2.57 | 1.69 | | 107 |
| | | 30~40 | 1.19 | 1.62 | | 233 | 2.73 | 1.67 | | 187 |
| | 弃耕羊草 | 0~10 | / | / | / | — | 5.76 | 1.53 | 25.52aA | 40 |
| | | 10~20 | / | / | / | / | 3.4 | 1.61 | | 120 |
| | | 20~30 | / | / | / | / | 3.64 | 1.63 | | 150 |
| | | 30~40 | / | / | / | / | 3.25 | 1.63 | | 160 |
| | 弃耕冰草 | 0~10 | / | / | / | / | 4.88 | 1.61 | 23.80cB | 33 |
| | | 10~20 | / | / | / | / | 3.44 | 1.63 | | 57 |
| | | 20~30 | / | / | / | / | 3.54 | 1.65 | | 157 |
| | | 30~40 | / | / | / | / | 2.71 | 1.66 | | 160 |
| | 自然撂荒 | 0~10 | / | / | / | / | 5.52 | 1.51 | 25.52aA | 73 |
| | | 10~20 | / | / | / | / | 3.45 | 1.58 | | 113 |
| | | 20~30 | / | / | / | / | 3.34 | 1.59 | | 157 |
| | | 30~40 | / | / | / | / | 3.99 | 1.61 | | 173 |

注：a、b、c、d 表示不同处理间在 $P < 0.05$ 水平下显著；A、B、C、D 表示不同处理间在 $P < 0.01$ 水平下极显著。

## 4. 不同植被类型弃耕地土壤养分变化

将 7 月下旬和 8 月下旬两次调查样点耕层土壤多点混合样进行了有机质、水解性氮、有效磷和速效钾的室内检测分析（表 4-46）。四子王旗 4 种植被类型检测结果表明：两次调查人工锦鸡儿灌丛化针茅草原各种养分性状均为最高，7 月下旬所取土样检测的有机质、水解性氮、有效磷和速效钾分别为 22.3g/kg、50.0mg/kg、5.5mg/kg 和 153.0mg/kg，8 月下旬所取土样检测的有机质、水解性氮、有效磷和速效钾分别为 15.9g/kg、54.0mg/kg、9.9mg/kg 和 164.0mg/kg，两次土样监测值相比有机质下降，其他养分监测值增加；4 种类型中弃耕沙打旺各种养分性状均为最低，7 月下旬所取土样检测的有机质、水解性氮、有效磷和速效钾分别为

9.2g/kg、25.0mg/kg、2.2mg/kg 和 68.0mg/kg，8 月下旬所取土样检测的有机质、水解性氮、有效磷和速效钾分别为 7.97g/kg、34.0mg/kg、5.8mg/kg 和 123.0mg/kg，两次土样监测值相比速效钾增加，其他养分监测值减小；另外 2 种植被类型 7 月和 8 月检测的养分值相比均呈增加趋势。

表 4 - 46　不同植被类型弃耕地 0～20cm 土壤养分变化

| 调查地点 | 植被类型 | 7 月下旬 | | | | 8 月下旬 | | | |
|---|---|---|---|---|---|---|---|---|---|
| | | 有机质(g/kg) | 水解性氮(mg/kg) | 有效磷(mg/kg) | 速效钾(mg/kg) | 有机质(g/kg) | 水解性氮(mg/kg) | 有效磷(mg/kg) | 速效钾(mg/kg) |
| 四子王旗 | 人工锦鸡儿灌丛化针茅草原 | 22.3aA | 50.0 | 5.5 | 153.0 | 15.9aA | 54 | 9.9 | 164 |
| | 中间锦鸡儿带中弃耕沙打旺 | 9.2cC | 25.0 | 2.2 | 68.0 | 7.97dD | 34 | 5.8 | 123 |
| | 中间锦鸡儿带中弃耕苜蓿 | 9.4cC | 27.0 | 2.9 | 79.0 | 11.2cC | 42 | 5.8 | 138 |
| | 中间锦鸡儿带中弃耕草木樨 | 11.0bB | 29.0 | 3.0 | 101 | 11.8bB | 50 | 5.3 | 156 |
| 武川县 | 弃耕沙棘 | 20.4bB | 46.0 | 3.9 | 98.0 | 16.9dD | 51 | 4.2 | 116 |
| | 弃耕山杏 | 19.5cC | 46.0 | 3.0 | 95.0 | 16.2eE | 43 | 4.4 | 86 |
| | 弃耕中间锦鸡儿 | 18.4dD | 34.0 | 2.3 | 95.0 | 13.4fF | 29 | 4.5 | 83 |
| | 弃耕苜蓿 | 23.1aA | 35.0 | 7.0 | 188.0 | 17.2dD | 56 | 4.5 | 163 |
| | 弃耕羊草 | — | — | — | — | 20.2bB | 81 | 4.0 | 123 |
| | 弃耕冰草 | — | — | — | — | 18.8cC | 53 | 5.5 | 133 |
| | 自然撂荒 | — | — | — | — | 21.3aA | 69 | 5.5 | 183 |

注：a、b、c、d 表示不同处理间在 P＜0.05 水平下显著；A、B、C、D 表示不同处理间在 P＜0.01 水平下极显著。

武川县不同植被类型检测结果表明（表 4 - 46）：两次调查弃耕沙棘、山杏、中间锦鸡儿和苜蓿种，除 7 月水解性氮、8 月有效磷外，其他养分均表现为苜蓿最高，中间锦鸡儿最低。7 月下旬所取弃耕苜蓿土样检测的有机质、水解性氮、有效磷和速效钾分别为 23.1g/kg、35.0mg/kg、7.0mg/kg 和 188.0mg/kg，8 月下旬所取土样检测的有机质、水解性氮、有效磷和速效钾分别为 17.2g/kg、56.0mg/kg、4.5mg/kg 和 163.0mg/kg，两次土样监测值相比各种养分监测值均不同程度下降；弃耕中间锦鸡儿 7 月下旬所取土样检测的有机质、水解性氮、有效磷和速效钾分别为 18.4g/kg、35.0mg/kg、2.2mg/kg 和 68.0mg/kg，8 月下旬所取土样检测的有机质、水解性氮、有效磷和速效钾分别为 13.4g/kg、29.0mg/kg、4.5mg/kg 和 83.0mg/kg，两次土样监测值相比有效磷降低，其他养分监测值增加。

8 月增加了羊草、冰草和自然撂荒 3 种植被类型，7 种类型相比基本上弃耕牧草养分高于弃耕灌木，而且养分性状高低基本表现为自然撂荒＞羊草＞冰草＞苜蓿＞沙棘＞山杏＞中间锦鸡儿。

## （二）不同年限弃耕地植物群落变化特征

### 1. 不同年限弃耕地物种分布

在四子王旗，随着弃耕年限的增加，各种类型的物种数和数量特征没有一致的变化趋势（表 4-47、表 4-48）。3 年弃耕的植物群落总物种数、多年生草本和一、二年生草本最多（26 种、17 种、19 种），13 年次之（23 种、15 种、8 种），7 年最少（18 种、13 种、5 种）。弃耕 7 年植物群落的高度、盖度和生物量最大，分别为 8cm、12% 和 47 g/m²，弃耕 3 年的次之，分别为 5 cm、9% 和 40 g/m²，弃耕 13 年的最小，分别为 7 cm、8% 和 25 g/m²，Sinpson 多样性指数 3 年＞13 年＞7 年。从物种演替来分析，随着弃耕年限的增加，植物群落由杂类草（如阿尔泰狗娃花）和一、二年生草本（如黄蒿、画眉草、栉叶蒿）为优势种的群落向旱生丛生禾草（如克氏针茅、短花针茅）和杂类草（如阿尔泰狗娃花）为优势种的群落演替。

表 4-47　不同年限弃耕地植物群落物种组成特征

| 地点 | 弃耕年限 | 海拔（m） | 经纬度（度-分-秒） | 主要物种（按重要值由大到小排列） |
|---|---|---|---|---|
| 四子王旗 | 3 年 | 1489 | 112-48-33.3（E）<br>41-40-32.24（N） | 黄蒿、阿尔泰狗娃花、画眉草、栉叶蒿、克氏针茅、刺沙蓬、短花针茅、达乌里胡枝子、狗尾草、刺穗藜、蒲公英、田旋花、车前草、牻牛儿苗、萹蓄豆、虫实、山苦荬、草地凤毛菊、赖草、益母草、无芒隐子草、芨、地锦、乳白花黄芪、细叶远志、藜（26 种） |

（续）

| 地点 | 弃耕年限 | 海拔（m） | 经纬度（度-分-秒） | 主要物种（按重要值由大到小排列） |
|------|---------|---------|-----------------|-------------------------------|
| 四子王旗 | 7 年 | 1484 | 111－48－24.13（E）<br>41－40－16.91（N） | 克氏针茅、栉叶蒿、黄蒿、阿尔泰狗娃花、短花针茅、扁蓄豆、山苦荬、二裂叶委陵菜、无芒隐子草、凤毛菊、狗尾草、马蔺、田旋花、鹤虱、虫实、刺穗藜、乳白花黄芪、赖草（18种） |
| | 13 年 | 1530 | 111－46－30.3（E）<br>41－39－39.4（N） | 栉叶蒿、克氏针茅、阿尔泰狗娃花、短花针茅、画眉草、虫实、黄蒿、二裂叶委陵菜、藜、山苦荬、赖草、苣苦荬、猪毛菜、狗尾草、鹤虱、刺穗藜、乳白花黄芪、蒲公英、田旋花、犏牛儿苗、扁蓄豆、无芒隐子草、凤毛菊（23种） |
| 武川县 | 3 年 | 1581 | 111－17－57.01（E）<br>41－08－34.14（N） | 阿尔泰狗娃花、赖草、栉叶蒿、克氏针茅、糙隐子草、凤毛菊、黄蒿、糙叶黄芪、刺穗藜、山苦荬、田旋花（11种） |
| | 6 年 | 1579 | 111－17－58.85（E）<br>41－08－33.93（N） | 黄蒿、赖草、阿尔泰狗娃花、细叶益母草、糙隐子草、栉叶蒿、苣苦荬、扁蓄豆、克氏针茅、山苦荬、藜、草木樨状黄芪、紫花山莴苣、蒲公英、凤毛菊、二裂叶委陵菜、独行菜、狗尾草、田旋花、刺穗藜（20种） |
| | 10 年 | 1582 | 111－17－57.28（E）<br>41－08－37.33（N） | 大籽蒿、栉叶蒿、狗尾草、赖草、刺沙蓬、藜、黄蒿、虫实、臭蒿、刺穗藜、糜子、猪毛菜、凤毛菊、克氏针茅、扁蓄豆、雾冰藜、田旋花、画眉草、荞麦、山苦荬、败草、独行菜、犏牛儿苗（23种） |

表 4－48　不同弃耕年限植物群落数量特征

| 地点 | 弃耕年限 | 物种数（个） | | 群落高度（cm） | 盖度（%） | 生物量（g/m²） | Sinpson 指数 |
|------|---------|------------|---|-------------|---------|-------------|-------------|
| | | 多年生草本 | 一、二年生草本 | | | | |
| 四子王旗 | 3 年 | 17 | 9 | 5cC | 9bB | 40bB | 0.91 |
| | 7 年 | 13 | 5 | 8aA | 12aA | 47aA | 0.83 |
| | 13 年 | 15 | 8 | 7bB | 8cC | 25cC | 0.89 |
| 武川县 | 3 年 | 8 | 3 | 10bB | 22bB | 203aA | 0.81 |
| | 6 年 | 15 | 5 | 10bB | 20cC | 57cC | 0.84 |
| | 10 年 | 11 | 12 | 20aA | 31aA | 137bB | 0.91 |

注：a、b、c 表示不同处理间在 $P < 0.05$ 水平下显著；A、B、C 表示不同处理间在 $P < 0.01$ 水平下极显著。

在武川县，随着弃耕年限的增加，物种数和 Sinpson 多样性指数呈增加趋势（表 47、表 48），弃耕 3 年和 6 年的植物群落高度、盖度、多样性 Sinpson 指数相似，弃耕 10 年的植物群落高度、盖度和 Sinpson 多样性指数最高（20 cm、31％、0.91），弃耕 3 年的植物群落生物量最高，为 203 g/m²，10 年次之，为 137 g/m²，6 年最小，为 57 g/m²。从物种演替上来分析，随着弃耕年限的增加，植物群落没有表现出明显的演替现象。

**2. 不同弃耕年限植物群落盖度和生物量在不同月份的变化**

从四子王旗调查的不同年限盖度和生物量结果看（表 4-49），弃耕 3 年、7 年和 13 年 7 月下旬盖度分别为 9％、12％和 4％，对应的生物量分别为 46g/m²、51g/m² 和 14g/m²；8 月下旬盖度分别为 9％、13％和 14％，对应的生物量分别为 30g/m²、40g/m² 和 72g/m²，因此随着月份的增加，弃耕地盖度呈增加趋势，弃耕 3 年和 7 年的植物群落生物量呈降低趋势，弃耕 13 年的植物群落生物量呈增加趋势。不同弃耕年限间相比，7 月下旬盖度和生物量大小呈现弃耕 7 年＞弃耕 3 年＞弃耕 13 年，8 月下旬与 7 月下旬趋势不同，盖度和生物量大小呈现弃耕 13 年＞弃耕 7 年＞弃耕 3 年，表现为弃耕年限越长，盖度和生物量越大，有待于进一步试验验证。

从表 4-49 武川县调查的不同年限盖度和生物量结果看出，弃耕 3 年、6 年和 10 年 7 月下旬盖度分别为 25％、23％和 37％，对应的生物量分别为 357g/m²、73g/m² 和 152g/m²；8 月下旬盖度分别为 18％、18％和 26％，对应的生物量分别为 49g/m²、40g/m² 和 122g/m²。由 7 月到 8 月，不同弃耕年限的植物群落盖度和生物量都呈降低趋势。不同弃耕年限间相比，7 月下旬和 8 月下旬盖度变化趋势相似，弃耕年限越长盖度越大，弃耕 3 年与 6 年盖度相当。7 月下旬与 8 月下旬生物量变化趋势相反，7 月下旬弃耕 3 年生物量最高，但 8 月下旬却为弃耕 10 年最高，不论 7 月下旬还是 8 月下旬，弃耕 6 年生物量都为最小，因此需要翌年进一步试验验证。

表 4 - 49　不同月份里不同弃耕年限植物群落的盖度和生物量

| 地点 | 弃耕年限 | 盖度（%） | | 生物量（g/m²） | |
|------|---------|---------|---------|---------|---------|
| | | 7 月 | 8 月 | 7 月 | 8 月 |
| 四子王旗 | 3 年 | 9bB | 9cC | 46bB | 30cC |
| | 7 年 | 12aA | 13bB | 51aA | 40bB |
| | 13 年 | 4cC | 14aA | 14cC | 72aA |
| 武川县 | 3 年 | 25bB | 18bB | 357aA | 49bB |
| | 6 年 | 23cC | 18bB | 73bB | 40cC |
| | 10 年 | 37aA | 26aA | 152cC | 122aA |

注：a、b、c 表示不同处理间在 P<0.05 水平下显著；A、B、C 表示不同处理间在 P<0.01 水平下极显著。

### 3. 不同年限弃耕地土壤物理性状变化

从四子王旗 7 月下旬调查的不同弃耕年限样点 0～40cm 分层土壤水分、容重和紧实度的监测结果看（表 4 - 50），由于 7 月份干旱程度较重，土壤含水率较低，而且深度增加土壤含水率基本增加，0～40cm 土壤贮水量不及 10mm，弃耕 3 年、7 年和 13 年土壤贮水量分别为 6.44mm、7.16mm 和 8.19mm；从土壤容重监测结果看，层次越深土壤容重越大，弃耕 3 年、7 年和 13 年土壤容重平均值分别为 1.53g/cm、1.65g/cm 和 1.74g/cm³，土壤容重随弃耕年限增加而增加；土壤紧实度表现为表层小，深层次增加，弃耕 3 年、7 年和 13 年土壤紧实度平均值分别为 130.5N/m²、133.2N/m² 和 140.2N/m²，仍然呈现随弃耕年限增加而增加趋势。8 月下旬由于降水增加，土壤水分比 7 月下旬高，调查结果显示弃耕 3 年、7 年和 13 年土壤贮水量分别为 27.34mm、27.52mm 和 30.19mm；从土壤容重监测结果看，仍然为层次越深土壤容重越大，弃耕 3 年、7 年和 13 年土壤容重平均值分别为 1.60g/cm³、1.63g/cm³ 和 1.70g/cm³，土壤容重仍然随弃耕年限增加而增加；弃耕 3 年、7 年和 13 年土壤紧实度平均值分别为 98.3N/m²、106.0N/m² 和 106.4N/m²，由于 8 月土壤含水率增加，土壤紧实度与 7 月份相比减小，但仍然呈现随弃耕年限增加而增加趋势。

武川县 7 月下旬调查结果与四子王旗结果相似，由于 7 月干旱程度较重，土壤含水率较低，而且深度增加土壤含水率基本增加，0～40cm 土壤贮水量较四子王旗高，但不及 25mm，弃耕 3 年、6 年和 10 年土壤贮水量分别为 18.99mm、20.86mm 和 22.16mm，弃耕时间越长，土壤贮水量越大，但差异不大；从土壤容重监测结果看，层次越深土壤容重越大，弃耕 3 年、6 年和 10 年土壤容重平均值分别为 1.45g/cm³、1.46g/cm³ 和 1.60g/cm³，土壤容重随弃耕年限增加而增加；土壤紧实度也表现为表层小，深层次增加，弃耕 3 年、6 年和 10 年土壤紧实度平均值分别为 114.5N/m²、121.0N/m² 和 146.8N/m²，仍然呈现随弃耕年限增加而增加趋势。8 月下旬由于降水增加，土壤水分比 7 月下旬高，调查结果显示弃耕 3 年、6 年和 10 年土壤贮水量分别为 31.39mm、32.78mm 和 35.39mm；从土壤容重监测结果看，仍然为层次越深土壤容重越大，弃耕 3 年、6 年和 10 年土壤容重平均值分别为 1.491.56g/cm³、1.501.56g/cm³ 和 1.56g/cm³，土壤容重仍然随弃耕年限增加而增加；弃耕 3 年、6 年和 10 年土壤紧实度平均值分别为 99.0N/m²、114.0N/m² 和 116.3N/m²，由于 8 月土壤含水率增加，土壤紧实度与 7 月相比减小，但仍然呈现随弃耕年限增加而增加趋势。

表 4-50　不同年限弃耕地土壤物理性状变化

| 地点 | 弃耕年限 | 层次(cm) | 7月下旬 | | | | 8月下旬 | | | |
|---|---|---|---|---|---|---|---|---|---|---|
| | | | 水分(%) | 容重(g/cm³) | 贮水量(mm) | 紧实度(N/cm²) | 水分(%) | 容重(g/cm³) | 贮水量(mm) | 紧实度(N/cm²) |
| 四子王旗 | 3 年 | 0～10 | 0.21 | 1.40 | 6.44cC | 60 | 5.95 | 1.51 | 27.34bB | 13 |
| | | 10～20 | 0.49 | 1.56 | | 153 | 3.66 | 1.57 | | 100 |
| | | 20～30 | 1.83 | 1.57 | | 153 | 3.42 | 1.63 | | 140 |
| | | 30～40 | 1.58 | 1.59 | | 156 | 4.21 | 1.67 | | 140 |
| | 7 年 | 0～10 | 0.33 | 1.51 | 7.16bB | 77 | 6.75 | 1.57 | 27.52bB | 27 |
| | | 10～20 | 1.09 | 1.61 | | 150 | 2.8 | 1.62 | | 107 |
| | | 20～30 | 1.45 | 1.73 | | 153 | 3.36 | 1.61 | | 140 |
| | | 30～40 | 1.36 | 1.76 | | 153 | 4.08 | 1.71 | | 150 |
| | 13 年 | 0～10 | 0.90 | 1.62 | 8.19aA | 97 | 7.10 | 1.69 | 30.19aA | 37 |
| | | 10～20 | 0.92 | 1.70 | | 110 | 5.33 | 1.71 | | 103 |
| | | 20～30 | 1.91 | 1.76 | | 167 | 2.83 | 1.71 | | 160 |
| | | 30～40 | 1.03 | 1.75 | | 187 | 2.42 | 1.75 | | 160 |

（续）

| 地点 | 弃耕年限 | 层次 (cm) | 7月下旬 | | | | 8月下旬 | | |
|------|---------|-----------|---------|---------|----------|----------|---------|---------|---------|
| | | | 水分 (%) | 容重 (g/cm³) | 贮水量 (mm) | 紧实度 (N/cm²) | 水分 (%) | 容重 (g/cm³) | 贮水量 (mm) |
| 武川县 | 3年 | 0~10 | 2.24 | 1.44 | 18.99cC | 67 | 7.90 | 1.50 | 31.39cC |
| | | 10~20 | 3.39 | 1.46 | | 97 | 4.55 | 1.47 | |
| | | 20~30 | 3.19 | 1.46 | | 127 | 4.05 | 1.47 | |
| | | 30~40 | 4.15 | 1.49 | | 167 | 4.57 | 1.51 | |
| | 6年 | 0~10 | 3.03 | 1.45 | 20.86bB | 47 | 7.90 | 1.51 | 32.78bB |
| | | 10~20 | 3.42 | 1.46 | | 100 | 4.26 | 1.49 | |
| | | 20~30 | 3.84 | 1.46 | | 170 | 4.81 | 1.49 | |
| | | 30~40 | 3.99 | 1.47 | | 167 | 4.89 | 1.50 | |
| | 10年 | 0~10 | 2.89 | 1.53 | 22.16aA | 117 | 7.57 | 1.63 | 35.39aA |
| | | 10~20 | 3.43 | 1.61 | | 130 | 4.91 | 1.51 | |
| | | 20~30 | 3.51 | 1.57 | | 183 | 4.88 | 1.53 | |
| | | 30~40 | 4.03 | 1.67 | | 157 | 4.92 | 1.66 | |

注：a、b、c表示不同处理间在 P<0.05 水平下显著；A、B、C表示不同处理间在 P<0.01 水平下极显著。

总体看，四子王旗和武川县不同弃耕年限农田土壤含水率、容重、紧实度均随弃耕年限增加而增大，土壤含水率增加土壤紧实度降低。

**4. 不同年限弃耕地土壤养分变化**

为了解弃耕年限对土壤养分的影响，2014 年对四子王旗和武川县 6 个点 7 月和 8 月土样检测了有机质、水解性氮、有效磷和速效钾。四子王旗检测结果表明（表 4-51）：7 月下旬弃耕 3 年、7 年和 13 年土壤有机质分别为 11.0g/kg、12.9g/kg 和 15.5g/kg，土壤水解性氮分别为 43mg/kg、36mg/kg 和 27mg/kg，土壤有效磷分别为 2.1mg/kg、2.9mg/kg 和 4.8mg/kg，土壤速效钾分别为 85mg/kg、101mg/kg 和 160mg/kg；8 月除弃耕 3 年水解性氮略低于弃耕 7 年外，其他指标变化趋势与 7 月一致，弃耕 3 年、7 年和 13 年土壤有机质分别为 11.2g/kg、13.8g/kg 和 15.0g/kg，土壤水解性氮分别为 53mg/kg、54mg/kg 和 50mg/kg，土壤有效磷分别为 3.4mg/kg、8.9mg/kg 和 9.9mg/kg，土壤速效钾分别为 112mg/kg、156mg/kg 和 185mg/kg；基本上各种养分指标均表现为 8 月高于 7 月。

表 4-51　不同年限弃耕地 0～20cm 土壤物理性状变化

| 地点 | 植被类型 | 7月下旬 | | | | 8月下旬 | | | |
|------|---------|---------|---------|---------|---------|---------|---------|---------|---------|
| | | 有机质 (g/kg) | 水解性氮 (mg/kg) | 有效磷 (mg/kg) | 速效钾 (mg/kg) | 有机质 (g/kg) | 水解性氮 (mg/kg) | 有效磷 (mg/kg) | 速效钾 (mg/kg) |
| 四子王旗 | 3 年 | 11.0cC | 43 | 2.1 | 85 | 11.2cC | 53 | 3.4 | 112 |
| | 7 年 | 12.9bB | 36 | 2.9 | 101 | 13.8bB | 54 | 8.9 | 156 |
| | 13 年 | 15.5aA | 27 | 4.8 | 160 | 15.0aA | 50 | 9.9 | 185 |
| 武川县 | 3 年 | 9.9cC | 70 | 5.3 | 136 | 19.1cC | 80 | 5.1 | 135 |
| | 6 年 | 26.1bB | 69 | 6.2 | 173 | 22.9bB | 78 | 6.6 | 187 |
| | 10 年 | 27.7aA | 61 | 6.6 | 259 | 26.8aA | 60 | 7.4 | 255 |

注：a、b、c 表示不同处理间在 $P<0.05$ 水平下显著；A、B、C 表示不同处理间在 $P<0.01$ 水平下极显著。

武川县土壤养分变化趋势与四子王旗检测结果相似，7 月下旬弃耕 3 年、6 年和 10 年土壤有机质分别为 9.9g/kg、26.1g/kg 和 27.7g/kg，土壤水解性氮分别为 70mg/kg、69mg/kg 和 61mg/kg，土壤有效磷分别为 5.3mg/kg、6.2mg/kg 和 6.6mg/kg，土壤速效钾分别为 136mg/kg、173mg/kg 和 259mg/kg；8 月弃耕 3 年、6 年和 10 年土壤有机质分别为 19.1g/kg、22.9g/kg 和 26.8g/kg，土壤水解性氮分别为 80mg/kg、78mg/kg 和 60mg/kg，土壤有效磷分别为 5.1mg/kg、6.6mg/kg 和 7.4mg/kg，土壤速效钾分别为 135mg/kg、187mg/kg 和 255mg/kg。

总体上看，武川县弃耕地土壤养分高于四子王旗，8 月土壤养分高于 7 月，尤其四子王旗趋势明显；随弃耕年限增加土壤有机质、有效磷和速效钾呈增加趋势，但水解性氮基本上呈下降趋势。

在四子王旗和武川县，随着弃耕年限的增加，荒漠草原的弃耕地总的物种数、多年生草本物种数和一、二生草本物种数呈减少趋势，地带性优势物种（如克氏针茅、阿尔泰狗娃花、短花针茅等）在群落中逐渐占主导地位，多年生植物所占比例比高于一、二年生草本。

四子王旗和武川县荒漠草原弃耕地植物群落的盖度和生物量随着弃耕年限的增加出现了先降低后增加的趋势，与宁夏荒漠草原弃耕地植物群落地上生物量的变化趋势相同，这与土壤养分有关系。已有研究表明，随着弃耕年限的增加，荒漠草原的弃耕地多样性指数呈增加趋势，而四子王旗和武川县荒漠草原弃耕地植物群落的 Shannon-wiener 指数和 Margalef 丰富度指数呈递减趋势。这可能是在干旱贫瘠的荒漠草原，一方面，受土壤资源的限制，不能维持更多植物的生长，另一方面，随着能适应干旱环境植物在群落中地位提高，对其他植物的竞争加剧，很多植物被排挤出去。

### （三）弃耕地植被恢复技术

在荒漠草原人工干扰有利于弃耕地的植被恢复，合理种植中间锦鸡儿灌木是一个较合适的选择，但种植密度不宜过密。在较干旱环境中，如年均降水量在 280 mm 左右的四子王旗地区，单种中间锦鸡儿为宜；在水分稍好的地段，如年均降水量在 350 mm 左右的武川地区，除种植中间锦鸡儿外，辅以种植苜蓿效果会更好。弃耕地的植被恢复演替是个漫长的过程，在恢复至少 6 年后才会有多年生草本植物成为建群种，何时可再利用需慎重考虑。

## 二、土壤改良剂改土培肥生态机制及地力恢复关键技术研究

### （一）不同改良剂对土壤养分的影响

由表 4-52 可知，经过两年土壤改良剂的施用，各处理土壤有机质含量均有不同程度的提高。2014 年膨润土 1（5 685 kg/hm²）、膨润土 2（11 370 kg/hm²）、膨润土 3（17 050 kg/hm²）、聚丙烯酰胺、腐殖酸、生物菌肥和羊粪处理分别比对照增加 20.3％、38.6％、26.1％、34.6％、28.1％、13.7％和 15.0％，其中膨润土 2 处理有机质含量最高，生物菌肥处理最低；2015 年膨润土 2（11 370 kg/hm²）、聚丙烯酰胺、腐殖酸、生物菌肥和羊粪处理分别比对照增加 41.91％、29.34％、32.33％、16.16％和 34.13％，其中，膨润土有机质提升最高，其次为羊粪，有机质增加幅度最低的为生物菌肥。试验结果表明羊粪的施用有效地提高了土壤的生物活动，促进了土壤中动植物残体和腐殖质的合成和分解，增加了土壤有机质含量，而生物菌肥中微生物含量较高，在水分充足条件下效果

明显，而对于改善干旱的土壤环境作用较差。在 2014 年土壤改良效果基础上，土壤有机质含量提升较大的为施用羊粪处理，其次为腐殖酸和膨润土，2015 年与 2014 年试验结果相比，羊粪、腐殖酸和膨润土有机质含量分别提升了 27.3％、12.8％和 11.8％。

土壤速效养分能够灵敏地反映土壤养分动态变化和供给养分水平，速效养分含量和作物生长关系极为密切，该试验结果表明，与对照相比，各处理土壤速效氮、磷、钾含量都发生明显变化，2014 年土壤改良剂处理下土壤碱解氮、速效磷和速效钾分别比对照增加 23.8％～47.6％、10.9％～54.3％和 7.5％～52.8％，2015 年分别比对照增加 40.42～70.21％、18.2％～81.8％和 12.0％～58.7％。一方面由于土壤改良剂施入土壤后在数量上能够增加土壤养分含量；另一方面是由于土壤改良剂能够增强对土壤养分和肥料的吸附力，防止由于淋溶导致的土壤肥力下降。另外是土壤改良剂施入土壤后对土壤内部团粒结构的优化，增加了土壤通气性和保水性，促进了土壤微生物的活性的提高，增加了土壤腐殖质的分解效率，提高了土壤肥力。经过两年土壤改良，同一处理土壤速效养分增加最高的处理为羊粪和膨润土，碱解氮分别提高 25 mg/kg 和 18mg/kg，速效钾分别提高 39 mg/kg 和 38 mg/kg。因此，综合两年土壤养分变化情况，羊粪和膨润土对促进土壤养分提升有明显效果。

表 4-52　不同处理间土壤养分差异

| 处理 | 有机质（g/kg） | | 碱解氮（mg/kg） | | 速效磷（mg/kg） | | 速效钾（mg/kg） | |
|---|---|---|---|---|---|---|---|---|
| | 2014 | 2015 | 2014 | 2015 | 2014 | 2015 | 2014 | 2015 |
| 膨润土 1 | 18.4dC | — | 55 | — | 5.5 | — | 67 | — |
| 膨润土 2 | 21.2aA | 23.7aA | 62 | 80 | 6.9 | 10 | 81 | 119 |
| 膨润土 3 | 19.3cB | — | 56 | — | 5.2 | — | 68 | — |
| 聚丙烯酰胺 | 20.6bA | 21.6cC | 58 | 66 | 6.4 | 8.5 | 72 | 109 |
| 腐殖酸 | 19.6cB | 22.1bcBC | 56 | 68 | 6.2 | 6.5 | 69 | 84 |
| 生物菌肥 | 17.4eD | 19.4dD | 52 | 67 | 5.1 | 7.5 | 57 | 88 |
| 羊粪 | 17.6eD | 22.4bB | 52 | 77 | 5.4 | 7.0 | 57 | 96 |
| CK | 15.3fE | 16.7eE | 42 | 47 | 4.6 | 5.5 | 53 | 75 |

注：a、b、c、d 表示不同处理间在 P＜0.05 水平下显著；A、B、C、D 表示不同处理间在 P＜0.01 水平下极显著。

## （二）施用不同改良剂对土壤紧实度变化的影响

由图 4-79 可知，两年试验均表明不同处理对土壤紧实度的影响差异明显，土壤改良剂的施用均降低了土壤的紧实度。2014 年结果表明在 0～30cm 土层，膨润土 2（11 370 kg/hm²）和聚丙烯酰胺两处理土壤紧实度变化近似直线增加，土壤团粒结构均匀，有利于根系活动，可以很好地吸取土壤水分和养分。经过土壤改良剂的施用，2015 年不同土壤改良剂 0～30cm 土层土壤紧实度变化均近似直线变化，羊粪处理和膨润土 2 处理土壤紧实度表现较低。由于土壤改良剂能够创造良好的土壤质地和土壤结构特性，增强土壤的通气性，促进水分的下渗，降低由于表土蒸发导致的水分消耗量，适宜旱作区应用推广。

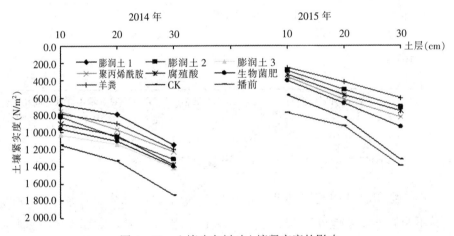

图 4-79　土壤改良剂对土壤紧实度的影响

## （三）土壤改良剂对植株单株叶面积和干物质积累量的影响

在植株生殖生长旺盛期和需水关键期（灌浆期）进行取样测定植株单株叶面积和干物质量，结果表明（表 4-53），各处理间叶面积、干物质量与对照均呈极显著性差异，膨润土处理的叶面积和干物质量均为最高。2014 年和 2015 年膨润土 2 处理叶面积较对照分别高 145.8% 和 86.18%；干物质量分别较对照高 82.6% 和 21.5%。究其原因，可能与膨润土能够降低有机物料的分解速率、提高腐殖化系数、增加有机质的含量和质量、提高土壤酶活性、促进有机物质与矿物质的复合作用，改善土壤肥力状况、有利于植株对土壤矿质养分和水分的吸收、促进了植株生长有关。2015 年施用羊粪处理植株叶面积和干物质量表现较高，分别为140.49cm²/株和 6.68g/株，较对照高 58.69％和 11.33％。

表 4-53　不同处理植株叶面积和干物质重比较

| 处理 | 叶面积（cm²） | | 干物质量（g） | |
|---|---|---|---|---|
| | 2014 年 | 2015 年 | 2014 年 | 2015 年 |
| 膨润土 1 | 92.42eE | — | 4.28dD | — |
| 膨润土 2 | 163.22aA | 165.13aA | 5.66aA | 7.29aA |
| 膨润土 3 | 108.17dD | | 4.74cC | |
| 腐殖酸 | 112.06cC | 129.64cC | 4.78cC | 6.75bB |
| 聚丙烯酰胺 | 132.31bB | 138.49bB | 5.17bB | 6.42cC |
| 生物菌肥 | 77.59gG | 99.05dD | 3.32fF | 6.60bBC |
| 羊粪 | 83.09fF | 140.49dD | 3.58eE | 6.68bB |
| CK | 66.40hH | 88.53eE | 3.10gG | 6.00dD |

注：a、b、c、d 表示不同处理间在 P＜0.05 水平下显著；A、B、C、D 表示不同处理间在 P＜0.01 水平下极显著。

## （四）不同土壤改良剂对燕麦产量的影响

不同土壤改良剂施用处理中，2014 年结果表明除生物菌肥与对照间差异不明显外，其他处理与对照间均呈极显著性差异，2015 年各处理与对照间均呈极显著差异。两年试验结果均表明（表 4-54），膨润土 2 和聚丙烯酰胺处理间无显著性差异，两种土壤改良剂处理产量都表现较高，2014 年产量分别为 2 071.04 kg/hm² 和 2 031.02 kg/hm²，比对照提高产量 41.3％和 38.6％；2015 年产量分别为 2 073.70 kg/hm² 和 2 059.03 kg/hm²，较对照提高产量 78.14％和 76.88％。

生物菌肥的增产效果不明显，一方面与其用量低有关，另一方面由于该改良剂在旱地上施用效果不明显，可能需要结合灌水才能充分发挥改土效应。羊粪在 2015 年产量表现最高，为 2 370.02kg/hm²，说明这种土壤改良剂改土效果不能在短时间内显现，要经过长期施用后才能发挥作用。

表 4 - 54　不同土壤改良剂对燕麦产量的影响

单位：kg/hm²

| 处理 | 2014 年 | 2015 年 |
| --- | --- | --- |
| 膨润土 1 | 1 645.82dD | — |
| 膨润土 2 | 2 071.04aA | 2 073.70bB |
| 膨润土 3 | 1 805.90cC | — |
| 腐殖酸 | 1 880.94bB | 1 942.30cC |
| 聚丙烯酰胺 | 2 031.02aA | 2 059.03bB |
| 生物菌肥 | 1 500.75fF | 1 752.71dD |
| 羊粪 | 1 575.79eE | 2 370.02aA |
| CK | 1 465.73fF | 1 164.08eE |

注：a、b、c、d 表示不同处理间在 P＜0.05 水平下显著；A、B、C、D 表示不同处理间在 P＜0.01 水平下极显著。

## （五）土壤改良剂的施用小结

（1）土壤改良剂的施用对土壤有机质和速效氮磷钾含量均有不同程度的提高。土壤有机质含量提升幅度为膨润土 2（11 370 kg/hm²）最高，生物菌肥最低，2014 年膨润土（11 370 kg/hm²）和生物菌肥分别比对照增加有机质含量 38.6％和 13.7％；2015 年分别比对照增加 41.91％和 16.16％。年度间相比，施用羊粪处理土壤有机质含量提升幅度最大，其次为腐殖酸和膨润土，有机质含量分别提升 27.3％、12.8％和 11.8％。2014 年不同土壤改良剂施用后土壤碱解氮、速效磷和速效钾分别增加 23.8％～47.6％、10.9％～54.3％和 7.5％～52.8％，2015 年分别增加 40.42％～70.21、18.2％～81.8％和 12.0％～58.7％。年度间相比，土壤速效养分提升幅度较高为羊粪和膨润土，碱解氮分别提高 25 mg/kg 和 18mg/kg，速效钾分别提高 39 mg/kg 和 38 mg/kg。

（2）土壤改良剂的施用降低了土壤表层 0～30cm 紧实度，有利于改善土壤团粒结构，创造通气良好，保水性能高的土壤环境，为根系良好生长创造条件。施用羊粪和膨润土处理 0～30cm 土壤紧实度较低，且 0～10cm、10～20cm、20～30cm 土层紧实度变化均匀。膨润土灌浆期单株叶面积和干物质积累量较高，2014 年分别为 163.22cm²/株和 5.66g/株，

2015 年为 140.49cm$^2$/株和 6.68g/株。

（3）2014 年膨润土处理燕麦产量表现最高，为 2 071.04 kg/hm$^2$，2015 年为 2 073.70 kg/hm$^2$，两年分别较对照高 41.3％和 78.14％。2015 年羊粪处理燕麦产量表现最高，为 2 370.02kg/hm$^2$。

（4）试验认为膨润土和聚丙烯酰胺在推荐施用量分别为 11 370 kg/hm$^2$ 和 1 325 kg/hm$^2$ 的情况下短期就能获得较好的土壤改良效果，羊粪在15 000 kg/hm$^2$ 推荐用量下第二年土壤改良效果表现突出，改良剂的改土效果主要表现在能够提高土壤养分含量，改善土壤结构，促进植株生长和提高作物产量方面。

# 第三节 退化农田与弃耕地生态系统恢复与重建关键装备与技术

## 一、免（少）耕播种机关键装备与技术的研发·

针对农牧交错区退化农田地形复杂、沙石多、风蚀沙化严重，现有免（少）耕播种机易拥堵、小籽粒种子播深与播量控制难、稳定性适应性差等问题，在关键部件创新的基础上，开发了3种机具：2BS-12型小麦/杂粮播种机和2BM-10型小麦/玉米/杂粮免耕播种机使用尖角翼铲式破茬开沟器或双圆盘式开沟器和整体镇压机构，播种通过性能和镇压效果好；2BS-5型免耕半精量播种机（ZL 201320503666.X）使用尖角翼铲式破茬开沟器和播量变速调节部件，播种入土性能好，播量精确控制简单。

图4-80 2BS-12型小麦/杂粮播种

图4-81 2BM-10型免耕半精量播种

图 4 - 82　2BS - 5 型免耕半精量播种

机具实现了油菜、小麦、燕麦等作物免少耕精量播种及多功能机械化作业。小麦播深合格率 85％以上，排种量一致性变异系数＜2.8％、稳定性变异系数＜7.0％。检测鉴定，性能指标明显优于《谷物播种机技术条件（JB/T 6274.1—2013）》要求（表 4 - 55）。

表 4 - 55　播种机主要技术参数与性能指标

| 指标项目 | 检测标准 | 小麦/杂粮播种机 | 免耕半精量播种机 |
|---|---|---|---|
| 排种量一致性变异系数 | ≤3.9％ | 2.8％ | 2.8％ |
| 播种深度合格率 | ≥75％ | 85％ | 85％ |
| 排肥量一致性变异系数 | ≤13.0％ | 9.5％ | 9.5％ |
| 总排肥量稳定性变异系数 | ≤7.8％ | 6.0％ | 6.0％ |

## 二、深（浅）松机械关键装备与技术的研发

针对农牧交错区退化农田土壤板结、耕层浅、犁底层坚厚、保蓄效果差、水分利用率低等问题，创新了 3 种关键部件，研制开发了 3 种机械装备及其使用技术。

### （一）创新了尖角翼铲式破茬开沟器、新型深松铲、新型凿式开沟器等 3 个关键部件

#### 1. 尖角翼铲式破茬开沟器

开沟器入土角 52°，铲尖与垄沟底呈 8°倾角，铲尖刃口夹角为 38°，翼

铲宽度仅 33 mm，深度 30～120 mm。播深可靠性 85% 以上。用于秸秆覆盖地玉米、小麦等作物免耕播种。较好地解决了传统播种机入土性能差，开沟宽、土壤扰动性大，阻力大等难题。

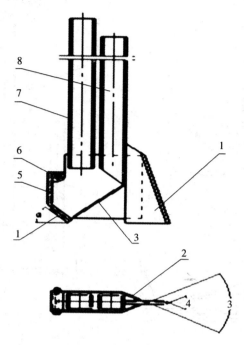

图 4-83　尖角翼铲式破茬开沟器

1. 铲尖　2. 侧板　3. 种肥挡板　4. 加强板　5. 活动挡板　6. 挡板销轴　7. 输种管　8. 输肥管

### 2. 一种深松机用新型深松铲（ZL201420176989.7）

由铲柄、侧翼板、开沟铲尖等组成，侧翼板与开沟铲尖成 15°角，铲柄截面尺寸为 20mm×55mm 矩形，开沟铲尖的下边缘与水平线夹角为 40°，其刃口圆角为 1.5 mm，刃边宽度为 10 mm。其优点在于可轻松打破犁底层，不扰动土层，增强雨水入渗速度和数量，还可同时完成开沟、播施种子和种肥等作业。

### 3. 免耕播种机用的新型凿式开沟器

由机架、铲柄、开沟铲尖、种肥挡板、侧翼板等组成，右侧翼板和左侧翼板焊接在铲柄的左右两侧，前端折弯成 20°（1/2λ），开沟铲尖呈直角三角形，底角为 55°，凿形尖宽度为 35mm，所开出的沟底为 30mm。这种开沟器安装在田间作业的免耕播种机或草场松土补播机上，实现种肥分层施播，对土壤扰动小，提高了开沟器入土性能。

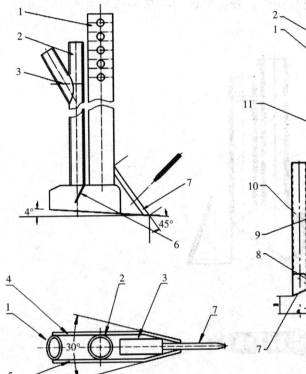

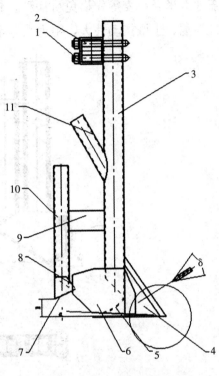

图4-84　一种深松机用新型深松铲

1. 铲柄　2. 输种管　3. 输种肥管　4. 左侧翼板

5. 右侧翼板　6. 下种肥挡板　7. 开沟铲尖

图4-85　免耕播种机用的
新型凿式开沟器

1. 机架　2. 卡箍　3. 铲柄　4. 开沟铲尖

5. 种肥挡板　6. 右侧翼板　7. 种子挡板

8. 输种管侧板　9. 连接板

10. 输种管　11. 输肥管

# 第四节　构建农牧交错区退化农田生态系统健康评价指标

## 一、评价模型选择

评价生态系统健康的标准有活力、恢复力、组织、生态系统服务功能的维持、管理选择、外部输入减少、对邻近系统的影响及人类健康影响 8 个方面，不同的指标分别代表生态系统的不同方面。其中，最重要的是活力、恢复力、组织 3 个指标。活力即生态系统的能量输入和营养循环容量，是测量系统活动、新陈代谢或初级生产力的一项重要指标。在一定范围内生态系统的能量输入越多，物质循环越快，活力就越高。恢复力指胁迫消失时系统克服压力及反弹回复的容量。具体指标为自然干扰的恢复速率和生态系统对自然干扰的抵抗力。一般认为受胁迫生态系统比不受胁迫生态系统的恢复力更小。组织即系统的复杂性。这一特征会随生态系统的次生演替而发生变化和作用。一般认为，生态系统的组织越复杂就越健康。据此，Costanza（1992）总结了很多生态系统健康的定义，提出了整个系统健康指数：

$$HI = V \times O \times R$$

式中，$HI$、$V$、$O$、$R$ 分别代表系统健康指数、系统活力、系统组织指数、恢复力。采用不同含义的活力、恢复力、组织指标值可以反映不同类型生态系统的健康水平。

## 二、评价指标选择

虽然理论上生态系统可以通过健康指数的三个指标系统活力、组织指数、恢复力来进行量化评价，但是由于地域不同，不同的生态系统都有各自的指标。以往不同的研究者根据适用、简便的原则选择不同的指标来表示不同类型的生态系统健康，并取得一定的结果。

阴山北麓农牧交错带大致沿 320mm 降水等值线北侧分布，自然景观为温带草原。多年平均降水 275mm 左右，降水主要集中于 6—8 月，占全年降水量的 60%～70%，1—3 月降水量不足全年降水量的 10%。年际间降水变化也很大，大部分旗县丰雨年份降水量可达 300～360mm，干旱年份则低于 150mm，甚至不足 100mm，而年蒸发量达 1 600～2 500mm。春季风大干旱（全年风沙日数在 3 个月以上），年平均风速 3～5 m/s，春季为 4～6 m/s。全年 8 级以上大风天数平均在 20～80d，导致沙尘暴频繁发生，近年呈迅速递增的趋势。这一地区是自然气候条件变化较大的地区，也是生态环境较为脆弱的地区，而农田主要受水分和风蚀的影响，土壤生产力低下、风蚀沙化严重。农业可持续发展的生态安全指农业赖以发展的自然资源，生态环境处于不受威胁和危险的健康与平衡状态。在这种状态下农业生态系统有稳定、均衡、充裕的资源可供利用。健康的农业生态系统能满足人类需要且不破坏甚至能改善自然资源，其目标是高产出、低投入、耕作方式合理，作物组合有效，农业与社会相互适应，环境保护良好且物种多样性丰富等，呈现出满足社会需求的合理结构和良好功能。因此，如何根据有限的自然降水，通过选择作物种类和种植方式，达到水分供需平衡，兼顾环境安全需要，减轻风蚀危害，是保证阴山北麓农牧交错带农牧业生产和农田生态健康不可回避的问题，同时农田生态系统健康评价也必须围绕这些主要因素来进行。因此，课题组分别选择作物生物量、株高，作物幅宽，土壤水分作为系统活力、组织指数、恢复力的具体指标。在研究中，作物和土壤是主要的关注对象，而风蚀和水分是该区域农业生产和生态系统稳定最主要的因子。作物的生物量在一定程度上表示作物的生长旺盛程度，可以用以代表系统活力；而株高和幅宽的不同结构在一定程度上可以反映农田系统抵抗风蚀能力的大小，用以代替系统组织指数；在北方农牧交错带土壤水分在一定限度内的变化均影响到土壤风蚀、作物生产和系统的稳定，因此，选择土壤水分作为系统弹性指标。

## 三、指标计算

为便于计算和比较，把公式：$HI = V \times O \times R$ 转换为 $HI_i = \sqrt{V_i \times O_i \times R_i}$（$0 \leqslant HI_i \leqslant 1$）$V_i$、$O_i$、$R_i$ 分别为第 $i$ 种作物的活力指数、组织指数和弹性指数。

活力指数计算：

$$Vi = \frac{\dfrac{b_i - b_{\min}}{b_{\max} - b_{\min}} - \dfrac{h_i - h_{\min}}{h_{\max} - h_{\min}}}{2}$$

式中，$b_i$、$h_i$ 分别为第 $i$ 种作物的生物量、株高，$b_{\max}$、$b_{\min}$，$h_{\max}$、$h_{\min}$ 分别为作物生物量的最大、最小值，株高最大和最小值。$V_i \in [0, 1]$。

组织指数计算：

$$O_i = \frac{I_i}{I_{\max}}$$

式中，$I_i$ 为第 $i$ 种作物的幅宽，$I_{\max}$ 为作物最大幅宽。$O_i \in [0, 1]$。

弹性指数计算：$R_i = \dfrac{w_i}{w_{\max}}$

式中，$w_i$、$w_{\max}$ 分别为第 $i$ 种作物土壤 $0 \sim 5cm$ 深的水分含量和该深度土壤最大水分含量。$R_i \in [0, 1]$。

各试验点土壤理化性状测定指标结果见表 4-56。从土壤有机质看，不同作物、不同耕作措施条件下土壤有机质、N、P、K 等理化指标差异显著。其中，燕麦的不同耕作措施，土壤耕作层有机质含量由高到低依次为翻耕（24.763g/kg）＞旋耕（23.781g/kg）＞深松（21.321g/kg）＞免耕（20.321g/kg）＞带状间作（平均值为15.182g/kg）；免耕条件下不同作物耕作层有机质含量由高到低依次为小麦（31.013g/kg）＞燕麦（20.321g/kg）；在保护性耕作条件下，同一作物耕作层有机质含量由高到低依次为休闲农田（18.013g/kg）＞灌草间作（16.316g/kg）＞ 耕翻（13.607g/kg）；同一作物小麦不同留茬高度耕作层有机质含量由高到低依次为留茬20cm（28.278g/kg）＞30cm（27.763g/kg）＞15cm（25.187g/

kg）；从土壤 N、P、K 有效含量看，燕麦在免耕条件下的含量普遍高于各种耕作措施；从 pH 看，研究区土壤多＞8.10，均属于偏碱性土壤。

从土壤含水量来看（表 4-57、表 4-58、表 4-59、表 4-60、表 4-61、表 4-62），不同作物、不同耕作措施土壤含水量与土壤深度呈现正相关关系，即随着土壤深度的增加，土壤含水量呈现递增趋势。同时，试验区保护性耕作条件下耕作层土壤含水量普遍高于其他耕作措施。表明保护性耕作在地处阴山北麓干旱区的旱作农牧业交错带具有显著的保水效果。从土壤紧实度看（表 4-63、表 4-64），免耕和留茬可以保护土壤团粒结构，达到疏松土壤、改善土壤环境的目的。

**表 4-56　试验区土壤理化指标检测值**

| 样品编号 | 采样点 | 采样深度 (cm) | 有机质 OM (g/kg) | 全 N (g/kg) | 全磷 P (g/kg) | AN (mg/kg) | AK (mg/kg) | AP (mg/kg) | pH |
|---|---|---|---|---|---|---|---|---|---|
| 1 | 免耕燕麦 | 0～5 | 20.321 | 1.687 | 0.46 | 13.32 | 140 | 9.59 | 8.47 |
| 2 | | 5～10 | 22.753 | 1.244 | 0.28 | 11.40 | 120 | 7.61 | 8.52 |
| 3 | | 10～20 | 20.016 | 1.195 | 0.45 | 5.45 | 110 | 9.34 | 8.58 |
| 4 | | 20～40 | 16.587 | 1.263 | 0.34 | 12.12 | 85 | 2.62 | 8.6 |
| 5 | 深松燕麦 | 0～5 | 21.917 | 1.293 | 0.51 | 35.25 | 165 | 13.03 | 8.5 |
| 6 | | 5～10 | 25.882 | 1.609 | 0.50 | 52.72 | 155 | 14.15 | 8.47 |
| 7 | | 10～20 | 22.344 | 1.550 | 0.47 | 41.40 | 145 | 8.15 | 8.2 |
| 8 | | 20～40 | 20.224 | 1.195 | 0.38 | 20.67 | 100 | 4.45 | 8.28 |
| 9 | 翻耕燕麦 | 0～5 | 24.763 | 1.771 | 0.48 | 21.94 | 165 | 15.19 | 8.62 |
| 10 | | 5～10 | 26.475 | 1.669 | 0.53 | 32.50 | 215 | 19.89 | 8.54 |
| 11 | | 10～20 | 28.645 | 1.530 | 0.52 | 35.72 | 165 | 14.76 | 8.55 |
| 12 | | 20～40 | 21.041 | 1.242 | 0.39 | 19.89 | 85 | 4.31 | 8.3 |
| 13 | 旋耕燕麦 | 0～5 | 23.781 | 1.554 | 0.54 | 33.79 | 215 | 20.07 | 8.17 |
| 14 | | 5～10 | 24.555 | 1.206 | 0.54 | 39.02 | 300 | 21.80 | 8.28 |
| 15 | | 10～20 | 20.464 | 1.285 | 0.49 | 48.25 | 165 | 8.26 | 8.45 |
| 16 | | 20～40 | 17.428 | 0.952 | 0.37 | 23.54 | 105 | 3.70 | 8.56 |
| 17 | 带状间作 1 | 0～5 | 9.930 | 0.697 | 0.39 | 27.86 | 80 | 21.44 | 8.92 |
| 18 | | 5～10 | 15.280 | 0.920 | 0.38 | 25.00 | 125 | 11.13 | 8.59 |
| 19 | | 10～20 | 15.009 | 1.031 | 0.36 | 23.59 | 105 | 7.40 | 8.51 |
| 20 | | 20～40 | 13.461 | 0.720 | 0.38 | 24.52 | 110 | 14.25 | 8.75 |

（续）

| 样品编号 | 采样点 | 采样深度（cm） | 有机质OM (g/kg) | 全N (g/kg) | 全磷P (g/kg) | AN (mg/kg) | AK (mg/kg) | AP (mg/kg) | pH |
|---|---|---|---|---|---|---|---|---|---|
| 21 | 带状间作2 | 0～5 | 18.709 | 0.959 | 0.43 | 26.71 | 120 | 7.36 | 8.26 |
| 22 | | 5～10 | 20.137 | 1.006 | 0.45 | 36.23 | 140 | 8.47 | 8.26 |
| 23 | | 10～20 | 20.184 | 0.945 | 0.50 | 48.72 | 110 | 12.64 | 8.52 |
| 24 | | 20～40 | 11.932 | 0.873 | 0.51 | 32.69 | 95 | 18.74 | 8.7 |
| 25 | 带状间作3 | 0～5 | 14.305 | 0.658 | 0.62 | 27.55 | 105 | 12.96 | 8.32 |
| 26 | | 5～10 | 13.150 | 1.107 | 0.44 | 38.18 | 100 | 7.07 | 8.2 |
| 27 | | 10～20 | 15.432 | 0.788 | 0.49 | 30.41 | 95 | 16.73 | 8.43 |
| 28 | | 20～40 | 18.084 | 0.897 | 0.40 | 32.45 | 100 | 5.46 | 8.67 |
| 29 | 带状间作4 | 0～5 | 14.944 | 0.890 | 0.41 | 29.31 | 85 | 9.66 | 8.29 |
| 30 | | 5～10 | 15.182 | 0.826 | 0.41 | 32.25 | 95 | 6.36 | 8.6 |
| 31 | | 10～20 | 18.117 | 0.761 | 0.39 | 32.82 | 95 | 5.92 | 8.26 |
| 32 | | 20～40 | 14.785 | 0.800 | 0.39 | 34.79 | 95 | 6.50 | 8.16 |
| 33 | 带状间作5 | 0～5 | 12.606 | 0.592 | 0.44 | 30.74 | 80 | 15.44 | 8.46 |
| 34 | | 5～10 | 2.449 | 0.787 | 0.61 | 35.33 | 120 | 46.54 | 8.21 |
| 35 | | 10～20 | 12.505 | 0.668 | 0.69 | 38.60 | 135 | 17.24 | 8.24 |
| 36 | | 20～40 | 14.208 | 0.674 | 0.43 | 26.00 | 105 | 7.11 | 8.38 |
| 37 | 四子王旗小麦免耕 | 0～5 | 31.013 | 1.378 | 0.52 | 26.82 | 380 | 26.36 | 8.1 |
| 38 | | 5～10 | 27.833 | 1.616 | 0.48 | 26.13 | 305 | 15.22 | 8.27 |
| 39 | | 10～20 | 26.149 | 1.610 | 0.45 | 32.82 | 265 | 9.05 | 8.49 |
| 40 | | 20～40 | 29.292 | 1.265 | 0.42 | 26.39 | 205 | 7.22 | 8.41 |
| 41 | 四子王旗油菜留茬 | 0～5 | 17.340 | 1.071 | 0.31 | 39.87 | 185 | 9.66 | 8.24 |
| 42 | | 5～10 | 16.575 | 1.125 | 0.29 | 36.23 | 160 | 6.71 | 8.55 |
| 43 | | 10～20 | 18.998 | 1.134 | 0.32 | 36.64 | 185 | 7.76 | 8.62 |
| 44 | | 20～40 | 11.637 | 1.044 | 0.28 | 32.77 | 125 | 3.23 | 8.37 |
| 45 | 保护性耕作 | 0～5 | 14.798 | 1.001 | 0.31 | 30.78 | 165 | 15.40 | 8.25 |
| 46 | | 5～10 | 15.662 | 0.945 | 0.30 | 35.36 | 145 | 7.50 | 8.31 |
| 47 | | 10～20 | 17.946 | 1.162 | 0.31 | 28.54 | 180 | 6.25 | 8.27 |
| 48 | | 20～40 | 15.573 | 0.915 | 0.34 | 28.02 | 175 | 3.34 | 8.52 |
| 49 | 灌草间作 | 0～5 | 15.050 | 1.139 | 0.31 | 31.13 | 155 | 3.41 | 8.31 |
| 50 | | 5～10 | 16.317 | 1.178 | 0.27 | 33.78 | 135 | 4.63 | 8.33 |
| 51 | | 10～20 | 14.191 | 1.077 | 0.25 | 30.94 | 105 | 2.48 | 8.3 |

（续）

| 样品编号 | 采样点 | 采样深度（cm） | 有机质OM（g/kg） | 全N（g/kg） | 全磷P（g/kg） | AN（mg/kg） | AK（mg/kg） | AP（mg/kg） | pH |
|---|---|---|---|---|---|---|---|---|---|
| 52 | | 20~40 | 14.347 | 0.892 | 0.23 | 33.13 | 80 | 4.78 | 8.42 |
| 53 | 休闲 | 0~5 | 18.013 | 1.350 | 0.29 | 29.91 | 440 | 8.83 | 8.48 |
| 54 | | 5~10 | 15.962 | 1.176 | 0.27 | 34.01 | 145 | 6.07 | 8.31 |
| 55 | | 10~20 | 15.715 | 1.082 | 0.26 | 34.35 | 125 | 4.27 | 8.63 |
| 56 | | 20~40 | 18.568 | 1.352 | 0.28 | 34.12 | 150 | 2.91 | 8.64 |
| 57 | 翻耕 | 0~5 | 13.607 | 0.931 | 0.24 | 42.43 | 95 | 10.84 | 8.57 |
| 58 | | 5~10 | 47.700 | 0.601 | 0.23 | 33.33 | 85 | 5.28 | 8.63 |
| 59 | | 10~20 | 11.298 | 0.875 | 0.23 | 31.01 | 85 | 5.49 | 8.33 |
| 60 | | 20~40 | 10.255 | 0.786 | 0.21 | 34.11 | 75 | 2.23 | 8.51 |
| 61 | 小麦留茬高度15cm | 0~5 | 25.187 | 1.055 | 0.54 | 51.66 | 240 | 7.39 | 8.32 |
| 62 | | 5~10 | 22.600 | 1.573 | 0.50 | 43.87 | 165 | 4.18 | 8.54 |
| 63 | | 10~20 | 22.396 | 1.644 | 0.49 | 28.27 | 165 | 3.21 | 8.58 |
| 64 | | 20~40 | 31.394 | 1.537 | 0.49 | 30.35 | 155 | 4.18 | 8.62 |
| 65 | 小麦留茬高度20cm | 0~5 | 28.278 | 1.625 | 0.62 | 42.97 | 120 | 13.66 | 8.36 |
| 66 | | 5~10 | 22.212 | 1.489 | 0.47 | 37.68 | 130 | 4.49 | 8.32 |
| 67 | | 10~20 | 16.516 | 1.140 | 0.34 | 28.20 | 80 | 1.60 | 8.51 |
| 68 | | 20~40 | 15.775 | 0.813 | 0.32 | 23.83 | 70 | 6.76 | 8.6 |
| 69 | 小麦留茬高度25cm | 0~5 | 33.178 | 2.178 | 0.59 | 49.70 | 270 | 15.12 | 8.14 |
| 70 | | 5~10 | 28.067 | 1.755 | 0.53 | 40.63 | 155 | 5.12 | 8.37 |
| 71 | | 10~20 | 21.340 | 1.286 | 0.45 | 36.05 | 125 | 3.24 | 8.39 |
| 72 | | 20~40 | 17.944 | 1.274 | 0.37 | 26.96 | 75 | 1.92 | 8.5 |
| 73 | 小麦留茬高度30 cm | 0~5 | 27.763 | 1.990 | 0.60 | 48.90 | 385 | 14.74 | 8.31 |
| 74 | | 5~10 | 23.489 | 1.722 | 0.52 | 41.99 | 140 | 7.46 | 8.34 |
| 75 | | 10~20 | 22.511 | 1.096 | 0.46 | 40.61 | 135 | 5.26 | 8.25 |
| 76 | | 20~40 | 21.200 | 1.809 | 0.45 | 43.29 | 135 | 4.60 | 8.49 |
| 77 | 覆盖度45% | 0~5 | 25.082 | 1.763 | 0.46 | 34.76 | 155 | 7.14 | 8.31 |
| 78 | | 5~10 | 20.764 | 1.397 | 0.42 | 31.96 | 115 | 2.82 | 8.58 |
| 79 | | 10~20 | 17.157 | 1.235 | 0.33 | 26.61 | 70 | 2.13 | 8.4 |
| 80 | | 20~40 | 13.354 | 0.952 | 0.30 | 22.76 | 65 | 1.99 | 8.69 |
| 81 | 覆盖度100% | 0~5 | 33.266 | 2.119 | 0.70 | 39.55 | 205 | 25.12 | 8.24 |
| 82 | | 5~10 | 25.530 | 1.570 | 0.57 | 38.89 | 160 | 9.34 | 8.48 |
| 83 | | 10~20 | 24.681 | 1.572 | 0.52 | 29.13 | 125 | 4.60 | 8.3 |
| 84 | | 20~40 | 20.912 | 1.511 | 0.47 | 27.14 | 85 | 1.99 | 8.67 |

表 4-57　保护性耕作条件下燕麦土壤含水量

| 层次（cm） | 处理 | 含水量 |
| --- | --- | --- |
| 0~20 | 马铃薯 1-1 | 8.57% |
|  | 马铃薯 1-2 | 8.51% |
|  | 马铃薯 1-3 | 9.01% |
| 20~40 | 马铃薯 1-1 | 11.72% |
|  | 马铃薯 1-2 | 10.44% |
|  | 马铃薯 1-3 | 9.66% |
| 40~60 | 马铃薯 1-1 | 10.39% |
|  | 马铃薯 1-2 | 9.11% |
|  | 马铃薯 1-3 | 8.32% |

表 4-58　免耕小麦土壤含水量

| 层次（cm） | 处理 | 含水量 |
| --- | --- | --- |
| 0~3 | 免耕小麦 1-1 | 5.21% |
|  | 免耕小麦 1-2 | 6.43% |
|  | 免耕小麦 1-3 | 6.68% |
| 0~20 | 免耕小麦 1-1 | 11.73% |
|  | 免耕小麦 1-2 | 10.24% |
|  | 免耕小麦 1-3 | 10.93% |
| 20~40 | 免耕小麦 1-1 | 13.94% |
|  | 免耕小麦 1-2 | 10.38% |
|  | 免耕小麦 1-3 | 12.17% |
| 40~60 | 免耕小麦 1-1 | 15.84% |
|  | 免耕小麦 1-2 | 9.09% |
|  | 免耕小麦 1-3 | 10.78% |

表 4-59  四子王旗保护性耕作土壤含水量

| 层次（cm） | 处理 | 含水量 |
| --- | --- | --- |
| 0～3 | 2-1 | 5.41% |
| | 2-2 | 6.30% |
| | 2-3 | 5.00% |
| 0～20 | 2-1 | 4.89% |
| | 2-2 | 6.78% |
| | 2-3 | 4.93% |
| 20～40 | 2-1 | 5.03% |
| | 2-2 | 6.90% |
| | 2-3 | 4.11% |
| 40～60 | 2-1 | 3.82% |
| | 2-2 | 6.66% |
| | 2-3 | 5.82% |

表 4-60  四子王旗耕作条件下土壤含水量

| 层次（cm） | 处理 | 含水量 |
| --- | --- | --- |
| 0～3 | 1-1 | 4.53% |
| | 1-2 | 3.89% |
| | 1-3 | 4.31% |
| 0～20 | 1-1 | 4.12% |
| | 1-2 | 5.12% |
| | 1-3 | 4.53% |
| 20～40 | 1-1 | 4.47% |
| | 1-2 | 4.50% |
| | 1-3 | 4.31% |
| 40～60 | 1-1 | 4.60% |
| | 1-2 | 4.47% |
| | 1-3 | 4.68% |

**表 4-61 保护性耕作条件下燕麦土壤含水量（武川县）**

| 层次（cm） | 处理 | 含水量 |
| --- | --- | --- |
| 0～3 | 免耕燕麦 1-1 | 3.27% |
| | 免耕燕麦 1-2 | 5.18% |
| | 免耕燕麦 1-3 | 2.98% |
| 0～20 | 免耕燕麦 1-1 | 7.19% |
| | 免耕燕麦 1-2 | 7.37% |
| | 免耕燕麦 1-3 | 7.01% |
| 20～40 | 免耕燕麦 1-1 | 6.55% |
| | 免耕燕麦 1-2 | 7.04% |
| | 免耕燕麦 1-3 | 7.50% |
| 40～60 | 免耕燕麦 1-1 | 6.56% |
| | 免耕燕麦 1-2 | 7.80% |
| | 免耕燕麦 1-3 | 7.31% |

**表 4-62 保护性耕作条件下油菜土壤含水量（四子王旗）**

| 层次（cm） | 处理 | 含水量 |
| --- | --- | --- |
| 0～3 | 免耕油菜 1-1 | 2.67% |
| | 免耕油菜 1-2 | 2.11% |
| | 免耕油菜 1-3 | 1.49% |
| 0～20 | 免耕油菜 1-1 | 6.31% |
| | 免耕油菜 1-2 | 6.53% |
| | 免耕油菜 1-3 | 6.14% |
| 20～40 | 免耕油菜 1-1 | 7.09% |
| | 免耕油菜 1-2 | 6.58% |
| | 免耕油菜 1-3 | 10.96% |
| 40～60 | 免耕油菜 1-1 | 5.60% |
| | 免耕油菜 1-2 | 6.46% |
| | 免耕油菜 1-3 | 9.86% |

表 4-63 四子王旗土壤剖面紧实度

| 样地 | 层次（cm） | 测定值 | | | | | |
|---|---|---|---|---|---|---|---|
| | | 1 | 2 | 3 | 4 | 5 | 6 |
| 1 | 15 | 113.3 | 198.6 | 204.8 | 241.8 | 133.5 | 173.9 |
| | 35 | 233.4 | 309.6 | 337.6 | 358.6 | | |
| | 45 | 199.2 | 388.1 | 310.8 | | | |
| 2 | 15 | 180.9 | 111.7 | 144.0 | 154.6 | 146.4 | 192.9 |
| | 35 | 232.8 | 260.5 | 322.5 | 242.8 | | |
| | 45 | 303.9 | 384.0 | 366.6 | | | |
| | 70 | 348.9 | 238.2 | 298.7 | | | |

表 4-64 免耕小麦土壤紧实度

| 层次（cm） | 腐质层 | 测定值 | | | | | |
|---|---|---|---|---|---|---|---|
| | 0 | 93.1 | 120.4 | 120.4 | 120.4 | 106.9 | 122.5 |
| 0~20 | 0~10 | 153.8 | 134.2 | 152.0 | | | |
| | 10~20 | 139.3 | 131.7 | 153.5 | | | |
| 20~40 | 20~30 | 194.6 | 256.3 | 274.7 | | | |
| | 30~40 | 212.2 | 198.6 | 162.8 | | | |
| 40~60 | 40~50 | 237.9 | 206.3 | 337.6 | | | |
| | 50~60 | 199.3 | 278.5 | 312.9 | 262.6 | | |
| 60~90 | | 327.8 | 363.1 | 252.1 | | | |
| | | 469.7 | 405.9 | 350.4 | | | |
| 90~110 | 90~100 | 424.2 | 452.7 | 516.9 | | | |
| | 100~110 | 413.2 | 395.6 | 406.7 | | | |

表 4-65 试验植物及其生物学现状

| 处理 | 作物 | 密度<br>（株/hm²） | 播种期<br>（日/月） | 生物量<br>（kg/hm²） | 株高<br>（cm） | 幅宽<br>（cm） | 土壤水分 |
|---|---|---|---|---|---|---|---|
| 1 | 油菜 | 360 000 | 5/10 | 365 | 81.52 | 20.6 | 9.2% |
| 2 | 小麦 | 3 950 000 | 4/23 | 392 | 41.16 | 36.5 | 4.4% |
| 3 | 燕麦 | 6 750 000 | 5/23 | 340 | 20.19 | 22.0 | 9.8% |
| 4 | 马铃薯 | 520 000 | 4/30 | 325 | 10.24 | 26.5 | 8.7% |
| 5 | 保护性耕作 | — | — | — | — | — | 9.6% |

**表 4 - 66　不同耕作条件下农田生态系统健康指数**

| 指标 | 处理 1 | 处理 2 | 处理 3 | 处理 4 | 处理 5 | 备注 |
|------|--------|--------|--------|--------|--------|------|
| $V_i$（活力指数） | 0.027 5 | 1.000 0 | 0.194 9 | 0.053 9 | 0.232 2 | |
| $O_i$（组织指数） | 0.574 4 | 1.000 0 | 0.610 5 | 0.746 0 | 0.731 1 | 计算结果采样统计数据为武川县和四子王旗试验区算数平均值，并经归一化系数进行统计分析得出 |
| $R_i$（弹性指数） | 0.703 3 | 0.329 0 | 0.709 5 | 0.765 7 | 0.679 0 | |
| $H_i$（健康指数） | 0.105 0 | 0.580 0 | 0.289 0 | 0.175 6 | 0.341 0 | |

　　各处理测定指标和其相应农田健康指数计算结果见表 4 - 65 和表 4 - 66。小麦田生态系统健康指数最高，达到 0.580 0，油菜田最低。其中，保护性耕作田健康指数显著高于油菜、燕麦和马铃薯，这是因为油菜群体较大导致田间耗水量增多，处理 3（马铃薯田）虽然群体较小，但由于田间覆盖度差，土壤蒸发量大耗水量也显著增加；而处理 5 由于免耕保墒作用可以有效地减少水分的散失。说明不同耕作措施、密度和种植方式是影响农田生态系统健康的重要因子。另外，不同处理间生态系统健康指数的差异也达到显著水平。这说明种植方式、种植密度是影响农田生态系统健康的重要因子。因此，选择适宜的作物和种植方式是保证农田生态健康的重要保证。

　　北方农牧交错带春季土壤化冻后十分疏松，植被覆盖度低，地面升温迅速且多大风，有利于形成上升气流把地面沙尘卷起，形成沙尘天气。因此，选择免耕和留茬覆盖，选择早发、快生型作物品种，较早形成田间全覆盖，对农田减轻风蚀效果要好，也是保持农田生态健康的重要措施。

## 四、评价指标构建小结

　　针对阴山北麓农牧交错带自然、社会资源特点，定量测定农田健康水平，选择适宜的指标是最关键的因素。不同耕作措施和生物覆盖下，生态系统健康评价标准可能差别很大，如湿地生态系统、荒漠生态系统。适应北方农牧交错带农田生态系统的健康指数评价指标如何才能准确，一般来讲，在干旱和半干旱区域中，农田生态系统主要功能是提供较高的作物生产力和较强的防风蚀能力。因此，充分利用土壤水分和减少农田风蚀是影响阴山北麓农牧交错带农田健康的最主要限制因素，特别是地表水分直接影响到农田风蚀的起始风速，土壤水分越高，土壤风蚀的起始风速越大，风蚀越难以发生。另外，较早的形成田间全覆盖，阻挡大风对地表的吹蚀作用，同样可以有效地减轻风速对土壤的侵蚀，这也是选择该类指标的原因。

生态系统健康既是生态系统管理，又是衡量生态系统结构与功能的标准。因此建立健康的生态系统是实现区域可持续发展的重要保障。当前生态系统健康作为环境管理和可持续发展的新思路和新方法，备受人们的重视。运用生态系统健康理论与科学指标对退化地区农田生态系统进行评价，把复杂的农田生态系统加以抽象化、人性化，为干旱区受损农田生态系统的生态恢复与重建提供理论指导依据和可行性原则，同时也为农田生态系统的可持续发展提供可操作性的指导原则。因此，选择适宜的可定量的指标和模型，对该地区农田生态系统健康的评价才具有现实意义。试验以监测为手段，选择若干指标对阴山北麓农牧交错带农田生态系统健康评价进行了初步探讨，可以作为生态系统管理评价的一种新的尝试，但生态系统健康研究刚刚兴起，对农田生态健康评价也需要更深入的研究。

近百年来，阴山北麓农牧交错带人口密度增加、土地不合理开垦与风蚀作用交织，使该地区成为我国北方生态环境最为脆弱的地区之一。在适宜地区推广保护性耕作措施进行作物栽培与相应的节水农艺栽培措施有机结合，可以减轻风蚀沙化危害，有效提高该地区生态环境的建设水平。

# 第五节　主要创新点

（1）针对农牧交错区干旱多风、农田翻耕裸露、风蚀沙化严重等突出问题，研究明确了退化农田不同作物留茬高度、不同秸秆覆盖量对减少风蚀、水蚀和抑制扬尘等主要参数和指标，建立了农牧交错区退化农田植被覆盖免（少）耕播种和抗旱抑尘关键技术。农田扬尘减少 40％以上，地表径流量减少 60％以上。

（2）针对马铃薯等作物土壤耕翻裸露，水土流失严重等现象，研究明确了以生态为重点，生产与生态相结合的退化农田带状保护性耕作适宜作物种类、带宽与带型等技术指标，创建了退化农田少耕带作保护性耕作关键技术模式。风蚀减少 35％以上。

（3）针对农牧交错区弃耕地植被盖度低、土壤沙化严重等问题，系统研究了弃耕地植被恢复对土壤养分、土壤水分、土壤结构及土壤生物多样性的影响，创建了农牧交错区弃耕地植被恢复关键技术。土壤含水量提高 10％以上，速效养分增加 7.5％以上。

（4）针对农牧交错区退化农田地形复杂、沙石多、耕层浅和现有免（少）耕播种机易拥堵、稳定性和适应性差等问题，发明了尖角翼铲式破茬开沟器等 7 个关键部件，研制开发出免耕精量播种机等 3 种机械装备。播深合格率 85％以上，漏播率＜5％。

（5）集成退化农田秸秆覆盖、免（少）耕播种、机械深松、土壤改良等关键技术，创建了退化农田、弃耕地生态系统恢复与重建技术模式 3 个，建立核心示范区 2 个。地表径流量减少 60％以上，风蚀减少 35％～68％，减少 $CO_2$ 气体排放 4％左右。

（6）针对农牧交错区不同生态功能区复合生态系统退化现状及肇因，研究分析了农牧交错区退化农田和弃耕地生态系统的结构、功能、演化及其未来变化趋势，建立了农牧交错区退化农田复合生态系统恢复重建的评价指标。

# 第五章

## 效益分析

# 第一节　经济效益

## 一、经济效益计算依据

依据中国农业科学院《农业科技成果经济效益计算方法》。

## 二、经济效益计算方法

新增利润（万元）＝推广面积（万 $hm^2$）×平均每公顷增产粮食
（kg）×〔粮食平均价格（元/ kg）－粮食平均生产成本（元/ kg）〕

节支总额（万元）＝当年推广面积（万 $hm^2$）×平均每公顷节支
（元/ $hm^2$）

## 三、经济效益计算

推广面积：小麦示范推广 0.31 万 $hm^2$、燕麦示范推广 0.15 万 $hm^2$、
芥菜型油菜示范推广 0.087 万 $hm^2$、甘蓝型油菜示范推广 0.23 万 $hm^2$、
马铃薯示范推广 0.094 万 $hm^2$。

平均每 $hm^2$ 增产：小麦平均每公顷增产 465 kg、燕麦平均每公顷增
产 202.5 kg、芥菜型油菜田平均每公顷增产 169.5 kg、甘蓝型油菜田平均
每公顷增产 351 kg、马铃薯平均每公顷增产 3465kg。

价格平均值：小麦 2.40 元/ kg、燕麦 2.60 元/kg、油菜 4.60 元/kg、
马铃薯 1.30 元/kg。

平均生产成本：小麦每千克生产成本 0.93 元、燕麦每千克生产成本
0.85 元、油菜每千克生产成本 1.13 元、马铃薯每千克生产成本 0.61 元。

平均每公顷节支：小麦每公顷节支 480 元、燕麦每公顷节支 420 元、

油菜每公顷节支 450 元、马铃薯每公顷节支 495 元。

累计增收：2014—2015 年累计增收 814.15 万元。其中，小麦 209.62 万元、燕麦 54.34 万元、芥菜型油菜 50.97 万元、甘蓝型油菜 276.07 万元、马铃薯 223.15 万元。

累计节支：2014—2015 年累计节支 398.80 万元。其中，小麦 147.2 万元、燕麦 64.4 万元、芥菜型油菜 39 万元、甘蓝型油菜 102 万元、马铃薯 46.2 万元。

累计增收节支：2014—2015 年累计增收节支 1 212.95 万元。

# 第二节　生态效益

通过实施秸秆覆盖防风固土、免（少）耕播种抗旱抑尘、带状保护性耕作关键技术、免（少）耕松土蓄墒减蒸等关键技术，退化农田平均减少风蚀 60%～80%，减少地表径流量 50%～60%，减少农田扬沙 70%，减少 $CO_2$ 气体排放 5% 左右，增加土壤蓄水量 16%～19%。

通过实施植被恢复关键技术、土壤改良剂改土培肥及地力恢复等关键技术，弃耕地土壤碱解氮、速效磷和速效钾分别比对照增加 23.8%～47.6%、10.9%～54.3% 和 7.5%～52.8%，土壤紧实度降低，土壤团粒结构均匀，植物群落盖度和生物量增加。

项目技术有效地改善了土壤结构状况，延缓了土地沙漠化速度，保护了生态环境。为农牧交错区退化生态系统恢复与重建提供了技术支撑。

# 第三节　社会效益

该项技术的实施，有效提高了广大农民群众对农牧交错区退化生态系统恢复与重建技术的认知水平和接受能力，促进形成学知识、用技术的良好氛围，提高农业劳动力的整体素质；推进了农业机械的应用，提高了农机化水平，大大减轻农民的劳动强度，提高了劳动生产率，并有效缓解农村劳动力结构性短缺压力，进而促进农村经济健康协调发展；促进农业专业化服务组织和中介服务组织的发展，提高农业社会化服务水平和组织化程度，推动优势农产品规模化、专业化和标准化生产，加快现代农业建设步伐；对建设我国北方生态屏障，保障国家生态和粮食安全，解决农牧交错区贫困农牧民脱贫致富，促进经济、社会、生态和文化协调可持续发展具有重要战略意义和现实意义。

# 参 考 文 献

拜得珍，潘志贤，纪中华，等．浅议金沙江干热河谷生态环境问题及治理措施［J］．国
　土与自然资源研究，2006（4）：50－51.

包维楷，刘照光，刘庆．生态重建研究与发展现状及存在的主要问题［J］．世界研究与
　发展。1998.23（1）：23－24.

陈阜．农业生态学［M］．北京：中国农业大学出版社，1998，113－136

陈静，刘连涛，王亚菲，孙红春，张永江，李存东，路战远．氮素对棉株上部果枝铃-叶
　系统生长及生理特性的影响［J］．棉花学报，2015，27（5）：408－416.

陈灵芝，陈伟烈．中国退化生态系统研究［M］．北京：中国科技出版社，1995.5－87.

陈清惠．喀斯特地区的生态恢复与重建［J］．山地农业生物学报.2008，27（3）：247－251

程玉臣，路战远，张德健，王玉芬，张向前．平作马铃薯膜下滴灌栽培技术规程［J］.
　内蒙古农业科技，2015，43（5）：97－98.

董飞翔．西北干旱区生态环境建设初步研究——以新疆尉犁县西尼尔区为例［D］．南京：
　南京大学，2003.

董伟欣，路战远，任帅，张彦立，谢颖，刘明，魏岩，张月辰．短日照诱导对小豆叶片内
　源激素含量及其平衡的影响［J］．河南农业大学学报，2015，49（6）：723－728，736.

董伟欣，张彦立，任帅，谢颖，刘明，魏岩，张月辰，路战远．短日照诱导对小豆籽粒品
　质的影响［J］．西北农林科技大学学报（自然科学版），2016，44（5）：20－28.

傅丽君，杨文金．恢复生态学与可持续发展［J］．山东农业大学学报（自然科学版），
　2005，36（4）：609－614.

郭乐音，路战远，张德健，张向前，程玉臣．保水剂对保护性耕作小麦性状及产量的影
　响［J］．内蒙古农业科技，2015，43（4）：14－16＋39.

韩国峰．奈曼旗生态环境脆弱性的研究［D］．重庆：西南大学，2009.

黄国勤，Patrick E，Mc Cullough．美国农业生态学发展综述［J］．生态学报，2013，33
　（18）：5449－5457.

黄健英．北方农牧交错带变迁对蒙古族经济文化类型的影响［M］．北京：中央民族大学
　出版社，2009.

凌岚．综合型工业园生态化模式探讨［J］．环境保护科学，2010，36（2）：115－118.

路战远，程玉臣，庞杰．内蒙古自治区农牧业科技发展成就与对策建议［J］．北方农业学报，2016，44（6）：94-98．

路战远，程玉臣，王玉芬，张德健，杨彬，张向前，赵双龙．免耕半精量播种机的研制［J］．北方农业学报，2016，44（2）：69-72．

路战远，程玉臣，张德健，王玉芬，张向前，杨彬．新型马铃薯起垄覆膜播种机简介［J］．北方农业学报，2016，44（3）：67-70．

路战远，程玉臣，张德健，王玉芬，张向前．马铃薯高垄滴灌栽培技术规程［J］．内蒙古农业科技，2015，43（6）：118-119．

路战远，程玉臣，张向前，张德健，杨彬．马铃薯垄膜沟植播种联合机组简介［J］．北方农业学报，2016，44（4）：121-124．

路战远，咸丰，张建中，陈立宇，杨建强，苏和，张向前，程玉臣，宿志安，姜晓平．内蒙古西部植棉区棉花膜下滴灌水肥一体化栽培技术规程［J］．棉花科学，2017，39（3）：38-42．

路战远，咸丰，张建中，杨建强，张向前，白海，程玉臣，柴绍忠，王定元，苏和．棉花栽培技术规程［J］．内蒙古农业科技，2015，43（6）：106-107．

路战远，张德健，张向前，程玉臣，平翠枝，李金龙．嫩江流域保护性耕作甘蓝型油菜田杂草综合控制技术规程［J］．内蒙古农业科技，2015，43（5）：56-57，93．

路战远，张德健，张向前，程玉臣，王玉芬，张建中，白海，咸丰．农牧交错区小麦免耕播种丰产高效栽培技术规程［J］．内蒙古农业科技，2014，（1）：105-106．

路战远，张德健，张向前，程玉臣，张建中，王玉芬，邵德军．西辽河流域保护性耕作玉米田杂草综合控制技术规程［J］．内蒙古农业科技，2015，43（6）：59-61．

路战远，张德健，张向前，程玉臣，张建中，王玉芬，张荷亮，智颖飙．农牧交错区保护性耕作小麦田杂草综合控制技术规程［J］．内蒙古农业科技，2015，43（5）：58-59．

路战远，张建中，咸丰，杨建强，张向前，白海，程玉臣，柴绍忠，王定元，苏和．棉花覆膜滴灌节水栽培技术规程［J］．内蒙古农业科技，2015，43（5）：99-100．

任海，彭少麟．中国南亚热带退化生态系统恢复及可持续发展［C］//陈竺．生命科学（中国科协第三届青年学术研讨会论文集）．北京：中国科技出版社，1998：176-179．

尚爱军．黄土高原植被恢复存在的问题及对策研究［J］．西北林学院学报，2008，23（5）：46-50．

唐冲．尚义县生态建设及其与经济协调发展研究［D］．北京：首都师范大学，2006．

田静．岷江上游生态脆弱性与演变研究［D］．成都：四川大学，2004．

田敏．有色金属行业自主创新的宏观分析［J］．有色金属工程，2008，60（4）：183-186．

王博，赵沛义，任永峰，高宇，路战远，程玉臣，徐文俊．退耕地生态恢复的研究进展

[J]．内蒙古农业科技，2015，43（4）：113－116．

王春华．国内外治理水污染先进经验谈［J］．防灾博览，2011（5）：50－55．

王红，张爱军，周大迈，等．山地植被恢复技术研究［J］．中国农学通报，2007，23
（4）：332－334．

王玉芬，李娟，路战远，杜永春，张德健．玉米高产品种光合特性及抗氧化系统对水分
胁迫的响应［J］．华北农学报，2015，30（6）：97－104．

王玉芬，路战远，张向前，张德健．保护性耕作燕麦田杂草综合控制研究［J］．干旱地
区农业研究，2014，32（4）：208－216．

咸丰，程玉臣，张建中，路战远，陈立宇，杨建强，苏和，张向前，曹丰海，格日乐图．
新陆中42号在内蒙古西部植棉区的适应表现及栽培要点［J］．棉花科学，2017，39
（2）：38－40．

徐凤君．内蒙古草地退化原因分析及其恢复治理的科技支撑［J］．科学管理研究，2002，
20（6）：1－6．

于江，郭萍，田云龙，等．沙化退化土壤修复技术的研究进展和趋势［C］．全国绿色环
保肥料新技术、新产品交流会．2005：6－12．

余作岳，彭少麟．热带亚热带退化生态系统植被恢复生态学研究［M］．广州：广东科技
出版社，1996：12－33．

张德健，路战远，程玉臣，张向前，王玉芬，苏敏莉，李娟，张建中，白海，咸丰．旱作
保护性耕作油菜田丰产高效栽培技术规程［J］．内蒙古农业科技，2015，43（4）：
94－95．

张德健，路战远，王玉芬，张向前，程玉臣，范希铨，赵彦栋，李民，刘恩泽．阴山北麓
保护性耕作燕麦田杂草综合控制技术规程［J］．内蒙古农业科技，2015，43（6）：64－
65，68．

张德健，路战远，张向前，程玉臣，王玉芬，张建中，白海，咸丰．农牧交错区玉米免耕
播种节水丰产栽培技术规程［J］．内蒙古农业科技，2014，（2）：110＋115．

张德健，路战远，张向前，程玉臣，张建中，王玉芬，范希铨，赵彦栋，李民，刘恩泽．
阴山北麓保护性耕作芥菜型油菜田杂草综合控制技术规程［J］．内蒙古农业科技，
2015，43（6）：77－78，87．

张德健，路战远，张向前，景振举，姚仲军，程玉臣，王玉芬，张建中，白海，咸丰．不
同耕作措施对玉米产量和土壤理化性质的影响［J］．中国农学通报，2014，30（12）：
209－213．

张德健，路战远，张向前，王玉芬，程玉臣，平翠枝，李金龙，李民，刘恩泽．嫩江流域保护
性耕作大豆田杂草综合控制技术规程［J］．内蒙古农业科技，2015，43（6）：66－68．

张德健，路战远，张向前，王玉芬，智颖飙. 不同耕作条件下玉米光合特性的差异 [J]. 华北农学报，2014，29 (2)：161-164.

张德健，张向前，路战远，王玉芬，程玉臣，李娟. 农牧交错区保护性耕作大豆田杂草综合控制的研究与分析 [J]. 干旱区资源与环境，2017，31 (10)：172-177.

张雷，刘慧. 中国国家资源环境安全问题初探 [J]. 中国人口·资源与环境，2002，12 (1)：41-46.

章家恩，徐琪. 恢复生态学研究的一些基本问题探讨 [J]. 应用生态学报，1999，10 (1)：109-113

章家恩，徐琪. 退化生态系统的诊断特征及其评价指标体系 [J]. 长江流域资源与环境，1999，8 (2)：215-220.

赵沛义，贾有余，妥德宝，任永峰，路战远，李焕春，段玉，弓钦. 阴山北麓旱作区垄沟集雨种植增产机理研究 [J]. 中国农学通报，2014，30 (12)：165-170.

赵星，曾光明，刘云国. 耗散结构理论在湿地生态恢复中的应用 [J]. 武陵学刊，2005，30 (4)：43-45.

郑智旗，王树东，何进，王庆杰，李洪文，路战远. 基于自动监测径流场的秸秆覆盖坡耕地产流产沙过程 [J]. 农业机械学报，2014，45 (12)：160-164，138.

智颖飙，李红丽，崔艳，路战远，刘珮，叶学华，张荷亮，杨持，刘钟龄，王云飞，华宇鹏，红鸽，赵凯，魏玲玲，王强. 孑遗植物四合木（Tetraenamongolica）迁地保护中的光合作用日变化特征与生理生态适应性 [J]. 生态环境学报，2015，24 (1)：14-21.

智颖飙，刘珮，马慧，路战远，崔艳，孙安安，姚一萍，张德健，刘海英，红鸽，刘钟龄，李雪飞，张荷亮. 中国荒漠植物生态化学计量学特征与驱动因素 [J]. 内蒙古大学学报（自然科学版），2017，48 (1)：97-105.

智颖飙，杨持，李红丽，张荷亮，华宇鹏，赵凯，路战远，红鸽，旺扎拉，王强. 孑遗植物四合木（Tetraenamongolica）异地保护条件下的气候生物学特征与光合效率 [J]. 中国沙漠，2014，34 (1)：88-97.

Altieri M A. Agroecology：The Scientific Basis of Alternative Agriculture [M]. USA：Berkeley, UCB, 1983.

Bensin B M. Agroecological Characteristics Description and Classification of the Local Corn Varieties Chorotypes [M]. New York：Haworth Press，1928：1-16.

Cairns J J. Restoration of Aquatic Ecosystems [M]. W Ashington, D C：National Academy Press, 1992. 32-38.

Costanza R, Norton B G, Hashell B D. Ecosystem health：New goals or environmental management ［C］. Washington D C: Island Press，1992. 23 – 41.

Cox G，Atkinswrited M. Agricultural Ecology: An Analysis of World Food Production Systems ［M］. W. H. Freeman and Company，1979.

GaynorV. Prairie Restoration on A Corporate Site ［J］. Restoration and Reclamation Review，1990，1（1）: 35 – 40.

Gliessman S R. Agroecology: Researching the Ecological Basis for Sustainable Agriculture ［M］. USA，Springer-Verlag，1990.

JenkinsM A，Parker G R. Composition and diversity of woody vege2 tation in silvicultural openings of southern Indiana forests ［J ］. Forest Ecology and Management，1998，109（1 – 3）: 57 – 74.

Klages K H. Crop Ecology And Ecological Crop Geography in the Agronomic Curriculum ［J］. Agronomy Journal，1928，20（4）: 336 – 350.

M ansfield B，Towns D. Lessons of the Islands: Restoration in New Zealand ［J］. Restoration and ManagemnetNotes，1997，15（2）: 150 – 154.

Naeem S，et al. Declining biodiversity can alter the performance of eco-system. Nature. 1994（368）: 734 – 737.

Rapport D J，Costanza R，M Mc Michael A J. Assessing ecosystem health ［J］. Trends in Ecology and Evolution，1998（13）: 397 – 402.

**图书在版编目（CIP）数据**

农牧交错风沙区退化农田生态保育研究／路战远等
著．—北京：中国农业出版社，2017.12
ISBN 978-7-109-23723-0

Ⅰ.①农… Ⅱ.①路… Ⅲ.①农牧交错带－沙漠－农
田－土壤退化－防治－研究 Ⅳ.①S153.6

中国版本图书馆 CIP 数据核字（2017）第 318899 号

中国农业出版社出版
（北京市朝阳区麦子店街 18 号楼）
（邮政编码 100125）
责任编辑 刘明昌

北京万友印刷有限公司印刷 新华书店北京发行所发行
2017 年 12 月第 1 版 2017 年 12 月北京第 1 次印刷

开本：700mm×1000mm 1/16 印张：11.5
字数：180 千字
定价：35.00 元
（凡本版图书出现印刷、装订错误，请向出版社发行部调换）